AF314977

HISTOIRE

DE LA

MÉDECINE VÉTÉRINAIRE

—

DEUXIÈME PÉRIODE

—

HISTOIRE

DE LA

MÉDECINE VÉTÉRINAIRE

PAR

L. MOULÉ

Vétérinaire sanitaire

DEUXIÈME PÉRIODE

Histoire de la Médecine vétérinaire au moyen-âge

(476 à 1500)

PREMIÈRE PARTIE

LA MÉDECINE VÉTÉRINAIRE ARABE

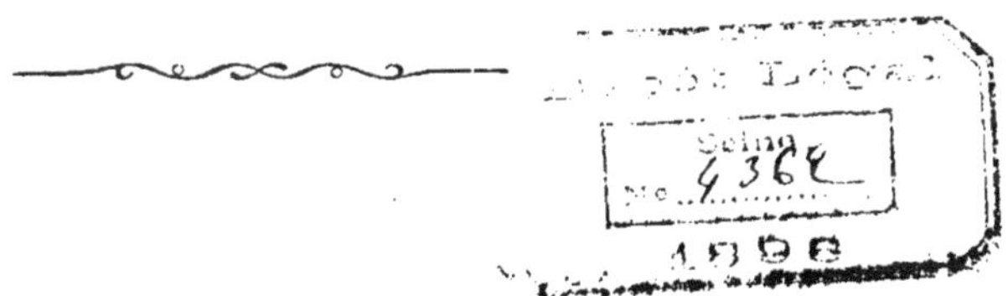

Dépôt Légal
No 9362
1896

PARIS

IMPRIMERIE MAULDE, DOUMENC ET Cⁱᵉ

144, Rue de Rivoli, 144

1896

Extrait du **BULLETIN DE LA SOCIÉTÉ CENTRALE
DE MÉDECINE VÉTÉRINAIRE**

Tiré à Cent Exemplaires.

HISTOIRE

DE LA

MÉDECINE VÉTÉRINAIRE

PAR

L. MOULÉ

Médecin-Vétérinaire.

PREMIÈRE PARTIE

La Médecine vétérinaire Arabe

Avant d'entreprendre cette étude, je fus plusieurs fois tenté d'y renoncer, tant surgissaient de toutes parts d'insurmontables difficultés. Il m'eût fallu, en effet, posséder une connaissance approfondie des langues orientales pour déchiffrer les innombrables manuscrits disséminés dans les bibliothèques, et, j'ignore même jusqu'aux premiers éléments de la langue arabe.

Un savant arabisant m'avait promis son précieux concours; malheureusement pour moi, il fut nommé, quelques jours après, à un poste important en Algérie, et, notre collaboration se trouva interrompue avant même d'avoir été suivie d'effet. Je ne pouvais attendre, tant il me tardait de faire paraître cette deuxième partie d'une histoire qui, me demandera encore beaucoup trop d'années de recherches, pour que je puisse songer un seul instant à en ajourner la publication. Bien que M. Percheron (1) ait esquissé à grands traits les caractères dominants de cette période, si importante pour l'origine et l'évolution de la médecine vétérinaire, j'ai du reprendre ce travail pour le

---

(1) PERCHERON. *Essai sur l'histoire de l'hippiatrique arabe* (*Recueil*. t. XLVI, p. 57, 1869).

compléter et lui donner une homogénéité en rapport avec le plan primitivement adopté pour l'ensemble de mes études historiques.

Bien qu'étudiée avec le plus grand soin, cette étude est donc loin d'être complète, et le champ reste libre aux savants que cette question pourrait intéresser. Je me suis simplement contenté d'énumérer les principaux manuscrits conservés dans nos bibliothèques, de donner une liste aussi complète que possible des vétérinaires de cette période, et d'analyser les œuvres des deux seuls écrivains vétérinaires et agricoles traduits en langue française.

Qu'il me soit permis, avant de continuer, d'adresser ici mes remercîments à l'Académie de médecine, à la Section vétérinaire, et, surtout à M. le docteur Constantin Paul, rapporteur de la Commission des prix, pour le grand honneur que m'a fait l'Académie en décernant le prix Mombine à la première période de mon Histoire vétérinaire (2). Mais je n'ai garde d'oublier que, si mon humble travail a été à même d'obtenir une distinction aussi flatteuse, je le dois à mes collègues de la Société centrale de Médecine vétérinaire, qui, sur la proposition de M. Leblanc, ont si gracieusement mis le *Bulletin* à ma disposition.

Paris, 1894.

I

Essai d'histoire et de civilisation chez les Arabes

Médecine vétérinaire arabe au moyen âge. — Son parallèle avec celle des Grecs. Exercice de la vétérinaire chez les peuples orientaux.

I

Au moment où l'Occident, après la chute de l'empire romain, était aux prises avec les barbares, se préparait une autre invasion qui allait étonner le monde par la soudaineté de son apparition et la rapidité de ses succès. A l'appel de Mahomet, les diverses tribus de l'Arabie, jusqu'alors désunies, se groupaient sous l'égide d'une religion commune et se disposaient à conquérir

2) Cette première période a été publiée dans le *Bulletin* de la Société centrale de Médecine vétérinaire. Année 1890. — 24 juillet, p. 523. — 9 octobre, p. 573.— Année 1891. — 8 janvier, p. 51.— 12 février, p. 116.— 12 mars, p. 163.— 9 avril, p. 228. — 14 mai, p. 277. — 11 juin, p. 339. — 9 juillet, p. 409. — 23 juillet, p. 433. — août, p. 464. — 8 octobre, p. 535.
Il en a été fait un tirage à part de cent exemplaires.

le monde. Parties du centre de l'Arabie, elles se répandirent avec la rapidité d'un torrent, et, en quelques années, soumirent à leur domination le nord de l'Afrique, la Syrie, la Perse, l'Égypte, la Sicile, l'Espagne etc., etc. Les Pyrénées mêmes n'opposèrent aucun obstacle à ces hordes envahissantes qui s'emparèrent sans résistance de la Gaule méridionale, et, auraient peut-être conquis la Gaule entière à l'islamisme, sans Charles-Martel qui les défit à Poitiers.

Bien que, pendant ces invasions successives, à peine interrompues, les Arabes se soient plutôt occupés de propager leurs idées religieuses que de favoriser le culte des lettres et des sciences, ils n'en doivent pas moins être regardés comme ayant été, à cette époque, avec les byzantins, les seuls représentants de la civilisation. Malgré ces guerres continuelles, malgré ces luttes intestines qui succédèrent à leurs étonnantes conquêtes, ils ne furent pas ces barbares que certains historiens nous ont dépeints. Loin d'annihiler toute tendance à la civilisation, ils cherchèrent au contraire à en favoriser l'essor, même au plus fort de leurs conquêtes, même au plus profond de leurs désastres. La légende par trop accréditée d'Amrou, comme auteur de l'incendie de la bibliothèque d'Alexandrie, a fait son temps.

Au point de vue scientifique et littéraire, c'est sous la dynastie des Omniades et des Abassides que la civilisation arabe brilla du plus vif éclat. On vit alors apparaître un grand nombre d'écrits en tous genres qui, par leur réunion, formèrent la plus vaste encyclopédie que le monde ait connue. Les bibliothèques, les écoles d'Alexandrie, de Bagdad, du Caire, de Samarcande, de Cordoue, etc., etc. jouissaient alors d'une renommée universelle.

Si les Arabes ont emprunté aux Grecs leurs chefs-d'œuvre pour les traduire, s'ils ont copié Aristote, Galien, et d'autres auteurs célèbres de l'antiquité; s'ils ont pris pour modèle les Grecs, les Persans, les Syriens, les Égyptiens, les Hindous etc., etc., ils ont aussi laissé de nombreux travaux originaux, tant était incommensurable l'étendue de leurs connaissances.

Si leur philosophie, d'origine grecque, repose tout entière sur le système d'Aristote, leur littérature est purement orientale. Les *Maka-Mat* de Hariri et les *Mille et une nuits* ont rendu impérissable la renommé littéraire des Arabes.

Si l'astronomie, les mathématiques, la géométrie, la trigonométrie étaient antérieures aux Arabes, à eux revient la gloire de les avoir perfectionnées tout en les simplifiant. Leur esprit d'invention, leur grande habileté dans la fabrication des instruments de précision, les mirent à même de faire de réelles découvertes, dont l'algèbre passe à bon droit pour être une des plus importantes.

De nombreux voyageurs musulmans sillonnaient le monde et apportaient leur contingent, non seulement aux sciences géographiques, mais encore aux sciences naturelles. Ce sont eux qu'Humboldt saluait comme « les véritables fondateurs des sciences physiques et naturelles ». Mais, s'ils s'adonnèrent avec tant d'ardeur à la recherche des propriétés des corps, ce fut surtout pour les faire servir à l'art de guérir. La chimie, la thérapeutique, la pharmacie chimique, telles qu'on les comprend de nos jours, sont pour ainsi dire leur création. On leur doit l'usage de plusieurs médicaments nouveaux, entre autres la rhubarbe, la casse, le séné, l'alcool, le camphre, les aromates, l'eau distillée, les sirops, le sucre, etc., etc. Ils apprirent aussi à faire certaines opérations fondamentales, la distillation, la cristallisation, la sublimation, qui leur permirent de découvrir des corps nouveaux, tels que l'alcool, l'acide sulfurique, l'acide nitrique, la potasse, le sublimé corrosif, etc.

La médecine humaine, si florissante pendant la période grecque, aurait peut-être sombré dans la tourmente, si les Arabes n'avaient pas été les fidèles dépositaires de la tradition hellénique. Cependant ils ne se bornèrent pas au rôle de simples copistes, car, tout en commentant les œuvres grecques, ils ajoutèrent beaucoup d'observations qui leur étaient propres. Les travaux de Rhazès, d'Avicenne, d'Albucasis, d'Aben Zohar en sont la preuve.

La mosquée de Cordoue, l'Alhambra de Grenade, l'Alcazar de Séville, les fabriques d'armes de l'Yémen et de Bassora, les cimeterres ciselés de Tolède à trempe inestimable, les cottes de mailles si ouvrées et cependant si légères, les verreries de Bagdad et de Syrie, les fins tissus de soie, de Damas, lamés d'or et d'argent, les cuirs si réputés de Cordoue, les fabriques de sucre, de sirops, d'essences de Perse, de Bagdad, d'Espagne, sont des preuves irréfutables de leur supériorité dans les beaux-arts et les arts industriels.

L'agriculture même leur est redevable de grands progrès, et, on ne peut oublier que, par des travaux d'irrigation justement célèbres, ceux de la Huerta de Valence notamment, ils ont porté à un haut degré de fertilité certaines contrées de l'Espagne. Les sciences agricoles et horticoles n'avaient pas de secrets pour eux. Il suffit, pour s'en rendre compte, de parcourir l'excellent *Traité d'agriculture* d'Abou-Zacharia-el-Aouam ou Ibn-al-Awam (3).

II

Chez un peuple imbu de connaissances aussi étendues, aussi variées, la vétérinaire ne pouvait rester en arrière. Elle eut, en effet, chez eux un éclat qu'on chercherait vainement dans les œuvres hippiatriques des autres peuples du moyen âge. Il n'en pouvait être autrement, car les Arabes possédaient,

---

(3) Ibn-al-Awam. *Le Livre de l'agriculture*, traduit par Clément Mullet. Paris, Franck, 1864, 2 vol.

au plus haut degré, l'amour et la vénération pour les animaux de l'espèce chevaline. Nulle part, chez aucun peuple, nous ne retrouvons une telle passion pour ces moteurs animés si indispensables à ces tribus guerrières et nomades par excellence. Nombreux sont les poètes qui ont chanté le cheval, nombreuses enfin sont les preuves d'amour des Arabes pour leurs compagnons de gloires et d'infortunes.

« Les plaisirs avec la femme, dit Abou Bekr (*Nâceri* (1), t. II, p. 13),
« sont limités à des plaisirs d'une heure, d'un moment; puis vient la satiété,
« l'ennui. Les parures d'une femme sont pour le regard et le spectacle de
« son mari seul; aucun autre ne s'enorgueillit; nul autre homme que lui ne
« la contemple en ses atours. Mais, à l'endroit des chevaux, les plaisirs que
« l'on trouve par eux et avec eux se multiplient et se diversifient en mille
« manières....... N'avez-vous pas vu un homme quand son cheval est
« vainqueur à une grande course? N'avez-vous pas vu ce que cet homme
« laisse éclater de joie, d'enthousiasme, qu'il ne peut ni contenir, ni dissi-
« muler?......

« Les fils d'un homme sont les fruits de son cœur, de son être. Et cepen-
« dant un de ces fils vient-il demander à son père un des chevaux que celui-
« ci possède et ces chevaux sont nombreux, le père répugne à ce don, à
« cette générosité; pourtant il donnerait alors ce qu'il a de plus précieux
« dans ses biens; il en donnerait plusieurs fois le double de ce que vaut le
« cheval. »

Ceci n'a rien d'exagéré. Il suffit de lire le travail d'hippiatrie d'Abou Bekr pour bien comprendre cette espèce de vénération pour le cheval, à laquelle, ni hommes, ni princes, ni femmes, ni enfants, ne restaient étrangers.

On comprend que dans ces conditions, les Arabes devaient apporter tout leurs soins, non seulement à l'élevage, à la reproduction des équidés, dont ils étaient fiers à plus d'un titre, mais encore à étudier leurs maladies et à rechercher les moyens d'y remédier.

Nombreux en effet sont les ouvrages d'hippologie et d'hippiatrie arabes parvenus à notre connaissance ; plus nombreux encore, sans doute, sont ceux qui n'ont pu échapper aux causes si diverses et si fatales de destruction.

Dans les écrits arabes de cette époque, pas plus que dans ceux de l'antiquité, nous ne devons nous attendre à une division aussi nette et aussi précise que celle que l'on constate dans nos traités de pathologie moderne. Cependant dans les œuvres des vétérinaires arabes, la plupart des maladies

---

(1) Abou Bekr ibn Bedr. *Le Nâcéri, ou la Perfection des deux arts*, traité complet d'hippologie et d'hippiatrie arabes, traduit par Perron. Paris, veuve Bouchard-Huzard, 1860, 3 vol. in-8.

des animaux sont décrites et assez méthodiquement classées. Abou Bekr, le plus autorisé d'entre eux, en mentionne plus de deux cents. Bien que plusieurs fassent double ou triple emploi, et ne soient que des subdivisions d'une même maladie, on ne peut nier que la part des Arabes dans l'évolution vétérinaire ne soit considérable pour l'époque. Nous pouvons affirmer que leurs travaux, bien supérieurs à ceux des Grecs et des Romains, peuvent tenir le juste milieu entre ceux des vétérinaires de l'antiquité et ceux des vétérinaires des premières époques des temps modernes.

Si les descriptions des affections de l'appareil digestif ont été faites avec beaucoup de soin par les hippiatres grecs, nous trouvons dans les œuvres arabes beaucoup plus de netteté dans l'énumération des symptômes et moins de confusion dans les méthodes thérapeutiques. Cependant si les gengivites, les stomatites sont mieux connues, leurs descriptions laissent encore beaucoup à désirer. Il en est de même de la pharyngite si souvent confondue avec la diathèse morveuse ou gourmeuse.

Si les Arabes ont fait, pour certaines affections, les mêmes recommandations que les vétérinaires grecs (saignée au palais, etc., etc.), si, dans certaines circonstances, ils se sont bornés à préconiser les mêmes opérations chirurgicales que leurs devanciers (extirpation des ganglions dans la pharyngite, réduction du rectum hernié, ponction dans l'ascite, etc., etc.), ils ont aussi fait de réelles innovations et signalé des maladies que nous ne trouvons nullement mentionnées dans les œuvres hippiatriques antérieures. Là sont décrites pour la première fois, l'évulsion des dents, le rabotage des irrégularités dentaires, l'inflammation du canal de Wharton, la déchirure du rectum ou du périnée, etc., etc.

Pas plus que les Grecs, les Arabes n'ont fait de grands progrès dans l'étude des maladies des voies urinaires, qui, pour la plupart, sont décrites sous le terme général « difficulté d'uriner ». Leurs descriptions symptomatologiques sont même de beaucoup inférieures à celles des grecs qui s'efforçaient surtout d'attirer l'attention des praticiens sur les dangers, pouvant résulter de la confusion entre les maladies des voies urinaires et celles de l'appareil digestif, également caractérisées par des coliques plus ou moins violentes.

L'étude des maladies des voies respiratoires laisse encore beaucoup à désirer, bien que les vétérinaires arabes aient donné une assez bonne description des tumeurs des cavités nasales, de la bronchite, de la pneumonie aiguë franche. Mais les symptômes de l'emphysème, de la congestion pulmonaire, du coup de chaleur, sont fort embrouillés et l'on a grand'peine à s'y reconnaitre.

Quant aux affections de l'appareil circulatoire, elles sont décrites avec une telle concision qu'il est matériellement impossible d'en déterminer la nature.

Aussi sur ce point, ne sommes-nous pas beaucoup plus avancés qu'en lisant les œuvres des hippiatres grecs et latins.

Naturellement les maladies nerveuses, encore à l'état d'ébauche de nos jours, ont servi de thème à une foule de variations plus ou moins fantaisistes, de descriptions d'affections qui n'ont de nerveuses que le nom. Abou Bekr a bien pris soin du reste de nous avertir que, de son temps, les affections nerveuses étaient peu connues. Cependant on constate un progrès sensible chez les Arabes qui, laissant de côté, les interprétations anciennes, différenciaient nettement les maladies du système nerveux de celles des tendons. S'ils ne parlent pas de l'épilepsie, de la paraplégie, ils mentionnent la chorée et la paralysie du nerf facial.

Parmi les maladies générales nous signalerons une bonne description de l'anasarque, dont il est fait pour la première fois mention.

Des affections qui ressortissent de la pathologie externe, nous aurons beaucoup à dire, car les Arabes se sont surtout efforcés de les bien étudier, en raison de ce qu'étant plus apparentes, il était plus facile d'y apporter remède, et, en raison aussi de la gêne considérable qu'elles apportaient dans l'utilisation de leurs agiles coursiers.

Les maladies de pied ont été surtout l'objet d'une étude spéciale et approfondie. Elles ont été traitées avec d'autant plus de soin, que les Arabes les considéraient comme la cause originaire de la plupart des maladies. Le clou de rue, la bleime, la dessolure, la chute accidentelle du sabot, etc., etc., ne sont pas décrits avec plus de détails que dans les traités anciens d'hippiatrique, mais les Arabes citent en plus une dizaine d'affections importantes dont les Grecs et les Latins n'ont nullement parlé. Ce sont : l'enclouure due à la maladresse du maréchal, les diverses variétés de seime, l'encastelure, les abcès de l'intérieur de la boîte cornée, les mollettes du creux du paturon, les eaux aux jambes, les crevasses et leurs variétés, les atteintes, les luxations et distensions articulaires.

Au point de vue des symptômes, des méthodes thérapeutiques employées les Arabes se sont réellement montrés supérieurs aux Grecs dans la description des affections des membres. Les exostoses (suros, osselets, éparvins, courbes, jardes), les arthrites, les synovites rhumatismales, les diverses affections tendineuses ou ligamenteuses (tendons claqués, ruptures, traumatisme), les inflammations de la bride carpienne, les vessigons, les capelets, les éponges, sont autant de maladies nouvelles, dont nous ne trouvons trace nulle part dans les anciennes hippiatriques.

Il en est de même de certaines affections des régions abdominales et thoraciques, des hernies ventrales et ombilicales.

Si la description des maladies des organes génitaux, comme l'orchite, la hernie inguinale, le renversement de l'utérus, l'avortement est à peu près identique à celle des Grecs, il n'en est pas de même des tumeurs de la verge, des diverses espèces de mammites (induration, paralysie des sphincters), que les anciens hippiatres ont passé sous silence.

Bien que les affections de la région du rachis (entorse cervicale, mal de garrot, blessures du harnachement) aient été assez nettement décrites par les vétérinaires de l'antiquité, nous devons reconnaître que dans cette partie les Arabes leur sont encore supérieurs, surtout au point de vue des méthodes chirurgicales et thérapeutiques préconisées. On ne saurait trop attirer l'attention sur une opération, mentionnée pour la première fois, l'opération de la queue à l'anglaise, pratiquée pour remédier à la déviation de la queue.

Les affections des yeux et des oreilles sont traitées avec plus de soin que dans l'hippiatrique, mais nous n'en éprouvons pas moins une certaine gêne à la lecture de leurs descriptions symptomatologiques, parfois trop écourtées. Si beaucoup de ces affections restent encore indéterminées, il s'en trouve d'autres décrites pour la première fois ; telles sont l'orgeolet, la blépharite, la fistule lacrymale.

Quant aux maladies de peau, leurs descriptions sont tellement embrouillées que la plupart échappent à tout déterminisme.

Sur les huit maladies contagieuses mentionnées par les écrivains vétérinaires arabes, cinq ont déjà été signalées par les anciens hippiatres; même confusion dans la symptomatologie de la morve et du farcin ; même mélange de symptômes appartenant à des affections différentes, comme le farcin d'Afrique, la lymphangite épizootique, la gourme, etc., etc., même confusion dans la description de la gale qui, sous le nom de *djarab*, comprend des affections cutanées les plus diverses. Trois maladies nouvelles, l'avortement épizootique, le charbon bactéridien, la dourine.

Des maladies des autres animaux domestiques nous aurons fort peu à dire, car il s'en faut de beaucoup que les Arabes y aient attaché autant d'importance qu'à celles du cheval. Les affections des ovidés, des bovidés, sont à peine ébauchées : celles des oiseaux de chasse leur devaient être bien certainement connues, car les Arabes étaient très experts en matière de fauconnerie, mais aucun des traités de pathologie aviaire, dont il existe plusieurs manuscrits, n'a eu les honneurs de la traduction. Seul le dromadaire qui, après le cheval, était l'animal le plus indispensable aux peuples de l'Islam, a été l'objet d'une pathologie spéciale ; mais les descriptions de ses maladies, des symptômes et des différents modes de traitement, sont loin d'être à la hauteur de celles de la pathologie équine. Abou Bekr, dans le *Nâcéri*, en décrit une vingtaine environ, parmi lesquelles nous signalerons l'indigestion, la rétention d'urine, la bleime, l'usure de la corne.

En chirurgie, les progrès des Arabes sont relativement peu sensibles. Les Grecs faisaient un abus de la saignée; les Arabes ont peut-être encore renchéri sur eux. Les diverses méthodes de castration sont à peu près identiques à celles que nous avons précédemment décrites. La cautérisation ignée, dont les Arabes faisaient une sorte de panacée, était l'objet des plus grands soins. Nombreuses et variées étaient les figures tracées en vue de tarer le moins possible l'opéré. Parmi les opérations qui nous paraissent décrites pour la première fois, nous signalerons : le barrement de la veine, l'extraction des dents, le rabotage des irrégularités dentaires, la pose des sétons, l'emploi des crochets et de l'embryotome dans les cas dystociques.

Si en chirurgie les Arabes n'ont pas fait beaucoup de progrès, il n'en est pas de même en thérapeutique qui, d'empirique, est devenue plus rationnelle. Leurs connaissances spéciales en chimie leur ont fait adopter une pharmacie chimique qui était un véritable progrès par rapport aux mixtures des Grecs. La simplification dans la composition des médicaments constitue une réelle innovation pour l'époque. En même temps apparaissaient des substances jusqu'alors inusitées, le sucre, les sirops, les essences, l'asa fœtida, l'onguent basilicum, l'onguent vésicatoire, etc., etc.

C'est surtout en hygiène, en zootechnie que les Arabes se sont surpassés. Il suffit d'étudier quelque peu leurs livres d'hippologie pour voir avec quelle minutie, avec quel soin, ils ont décrit les divers préceptes relatifs à l'élevage.

III

Les nombreux manuscrits d'hippiatrie et d'hippologie arabes, disséminés dans les diverses bibliothèques d'Europe, prouvent que la médecine vétérinaire était en grand honneur chez les Arabes. Diverses anecdoctes, notamment celles d'*El Asmaï* et d'*Abou Obeidah*, dont nous parlerons plus loin (voir ces noms, ch. II); nous montrent que les poètes, les califes, les sultans même, ne dédaignaient pas de s'occuper de cette science si utile pour la conservation de leurs coursiers. Les conseils d'*Ibn Hedjadj* (voir ce nom, ch. II) prouvent également que les propriétaires étaient tout particulièrement intéressés à s'occuper des soins à donner à leurs animaux et notamment à prévenir leurs maladies.

Mais comment et par qui la médecine vétérinaire était-elle exercée? Y avait-il des vétérinaires véritables ou le soin de guérir était-il dévolu aux maréchaux? Nous ne possédons rien de précis sur ce sujet. Nous trouvons bien, dans les traités d'Abou Bekr et d'Ibn al Awam, des indications ayant rapport à divers guérisseurs, tels que « les anciens ont prétendu, les hippiatres dans leurs écrits, les artistes opérateurs, les habiles phlébotomiseurs, etc., etc. ». mais sans aucune indication précise de leurs attributions.

En général, ceux qui donnaient leurs soins aux animaux malades étaient désignés sous le nom de *Beitâr* (*Beitarah*, médecine vétérinaire), que Perron (le *Nâcéri*) fait dériver du mot *veterinarius* qui serait, dit-il, la prononciation altérée de Beitâr, le *b* et le *v* étant deux lettres sœurs. Cependant nous verrons (T. II, p. 429, Nâcéri) que *Zourtoukah, Zourâtakah, Zourdoukah*, science hippique proprement dite, pouvait s'appliquer à la médecine vétérinaire.

Abou Bekr (T. III, ch. I, p. 18) dit, en effet, ce qui suit :

« La lèpre a mis à bout les efforts d'un grand nombre de praticiens dans
« la médecine humaine et d'hippiatres et connaisseurs en médecine vété-
« rinaire ou *zourâtakah*. »

Peut-être était-ce à cette époque comme au temps de l'émir Abd-el-
Kader (5). Chaque tribu devait avoir un ou deux vétérinaires tenant leurs connaissances des conseils de vétérinaires instruits, chez lesquels ils étaient obligés de faire un stage plus ou moins long. Mais il s'en fallait de beaucoup que tous fussent aptes à traiter toutes les maladies, la plupart n'en savaient guérir que quelques-unes. « Il arrive le plus souvent, dit Abd-el-Kader, que
« l'élève étudie d'abord la vétérinaire avec étendue, mais que, réussissant
« inégalement dans les traitements qu'il entreprend, sa renommée ne
« s'établit que pour certaines affections, et dès lors il néglige les autres. »

Cette distinction existait déjà du temps d'Abou Bekr car, à plusieurs reprises, il parle du manque de connaissances, de l'incurie de certains opérateurs. « La gale, dit-il, est une des plus difficiles à traiter, si on ne
« rencontre pas un hippiatre qui sache la conduire avec sagesse et précaution
« et la médicamenter habilement. » (*Nâceri*, T. III, p. 12).

Malgré toute la confiance que les musulmans pouvaient avoir dans leurs vétérinaires, le fatalisme l'emportait sur toute leur science car, le plus souvent, ils s'en remettaient aux soins de Dieu de l'issue de leurs maladies et de celles de leurs animaux. La plupart des descriptions de maladies dans le *Nâcéri* se terminent par ces mots : « Il guérit grâce à la volonté de Dieu »
— « Cette maladie guérit avec la permission de Dieu » — « Grâce à Dieu »
— « Dieu est le guérisseur ». Quelle meilleure preuve pourrait-on donner de ce fatalisme qu'en citant cette belle pensée philosophique qui termine la huitième exposition du *Nâcéri* (T. III, p. 312 :

« Comprenez maintenant, et réfléchissez. Et Dieu est celui qui donne réussite et succès ; c'est lui qui est, en vérité, le médicamenteur, le médica-
teur, le guérisseur. »

---

(5) Général DAUMAS. *Les Chevaux du Sahara*. Paris, 1855.

« Et puis, chaque être ici-bas doit goûter la mort. Une fois qu'il est au terme de sa vie, il ne la saurait ni retarder ni avancer d'un moment. Il n'est que l'image du foulon dégraisseur qui lave le vêtement et le nettoie de ses taches et de ses impuretés, afin que la souillure ne le dégrade et ne le mange pas. »

« Eh quoi! le Dieu de majesté, le Très-Haut a créé la maladie, et à côté d'elle le remède afin qu'en profitent ceux dont les jours ne sont pas terminés, dont le trépas n'est pas encore proche. Mais rien, dans la création, ne saurait écarter le moment fatal. Répétons-le, tout être vivant goûtera la mort; l'homme intelligent se gardera bien d'ambitionner une durée immortelle sur la terre. »

Très curieuse aussi cette intervention de la volonté divine, rapportée par Damiri dans le *Kitâb haiât el-haïouân* (*Nâcéri*, T. III, p. 454) :

« Une tradition, qui remonte aux premiers temps de l'islamisme, rapporte que Jésus, fils de Marie, passa auprès d'une vache en douleur de parturition et dont le fœtus était placé en travers dans le ventre: « O verbe de Dieu, dit la vache à Jésus, prie le Seigneur qu'il me délivre! »

« Dieu puissant, dit alors Jésus, toi qui de la vie crées la vie ; toi qui de la vie fais sortir la vie, délivre cette pauvre bête. »

« Et aussitôt la vache expulsa le fardeau qu'elle avait dans les flancs. »

Abou Bekr, dans le *Nâcéri* (T. II, ch. III et IV, p. 26 et 29), consacre un assez long parallèle sur la médecine de l'homme et celle des animaux, que nous croyons utile de reproduire ici en partie.

« Le cheval a encore sa similitude avec l'homme par rapport à la médication ou thérapeutique. Ainsi on emploie pour le cheval tout ce qu'on emploie pour l'homme en fait de laxatifs, purgatifs, astringents, collyres, saignées, affusions, emplâtres, onctions, liniments, ponctions, cautérisations, clystères, suppositoires, onguents, poudres, moyens contentifs, bandages.

« La médication pour l'homme veut être conduite au moyen de médicaments composés, celle du cheval veut être dirigée au moyen de substances simples...... Ainsi, pour les chevaux, nous sommes obligés de recourir pour les purger à des substances qui, par leur propre nature, ont une vertu laxative spéciale, et cela en raison de la rudesse et de la résistance des organes des animaux. Ainsi nous administrons aux chevaux, comme laxatifs, des feuilles de coloquintes, d'aloès, pulpe de coloquinte, etc., etc.»

« Pour le traitement des taies de l'homme, on emploie de l'or, de l'argent, des perles, de la malachite et des collyres de premier ordre. Pour combattre celles du cheval, nous avons besoin de substances douées des mêmes propriétés, mais plus grossières, attendu la constitution plus grossière des animaux. Nous employons le sel d'Ander, le natron, le sel ammoniac, le poivre, etc., etc. »

« Après réduction d'une fracture chez l'homme, on emploie de la terre d'Arménie, du sang-dragon, de la farine de vesces. Chez le cheval, on emploie une médication plus astringente et plus curative : l'oliban au lieu de terre d'Arménie, l'encens au lieu d'akâkiâ, la poix vierge au lieu de sang-dragon, l'ichrâs ou colle visqueuse des cordonniers au lieu de farine d'orobe. »

« Pour les onctions, frictions, chez l'homme, on emploie des substances délicates : huiles aromatiques, huiles ou essences de henné, de narcisses, de violettes, de roses. Chez le cheval, on prend des substances plus actives et plus grossières : huile de colza, vieilles graisses, moelle osseuse, etc., etc. »

Enfin, terminons par ces magnifiques préceptes de déontologie vétérinaire (*Nâcerî*, t. III, ch. I, p. 6 et 9.)

« La première recommandation qu'aient à observer les hippiatres et les dresseurs et éducateurs de chevaux est de respecter leur professeur, d'en apprécier et comprendre les bons offices, d'être reconnaissants de ses actes envers eux, de le rémunérer de ses procédés à leur égard, et de l'instruction dont il leur communique les bienfaits, et de sa bienveillante complaisance pour eux, de conserver leurs relations avec lui en l'honorant de leurs déférences en toutes circonstances. »

« Lorsqu'un hippiatre est appelé à donner un conseil à l'endroit des animaux, qu'il le donne en toute vérité et sincérité, sans aucune vue des choses de ce monde. Voit-il que le maître de l'animal est pauvre, qu'il donne ses conseils tels qu'ils doivent être, sans rien prendre de qui le consulte. Que l'hippiatre, toutes les fois qu'il aperçoit qu'un malade ne retirera profit d'aucun traitement, dans les cas, par exemple, de morve ou farcin, de dourine, cataracte, amaurose, etc., ne se mette pas à traiter et médicamenter ces maladies de nature si désespérante. »

« Que l'hippiatre sache les détails des principes pratiques, les emplois des médicaments dans les diverses maladies. »

« Qu'il soit expert dans la connaissance des différentes sortes de plaies et de leurs formes. »

« Qu'il sache apprécier l'emploi des médicaments appropriés aux maladies diverses afin de ne point opposer à une maladie un médicament contraire. »

II

Écrivains vétérinaires et agricoles.

Sixième siècle.

1°. — JAHJA IBN ADI.

Cité comme traducteur du *Traité d'agriculture* de Festus, fils de Xuraxi-niæ. Dozy pense que ce traité a été tiré des géoponiques latines, à une époque indéterminée, d'après la version de Sergius ben Heliæ. Le livre de Festus aurait été traduit du latin en syriaque, et, du syriaque en arabe par Jahja ibn Adi. On n'est pas exactement fixé sur l'époque à laquelle vivait Sergius ; on croit qu'il vivait sous le règne de Justinien II, c'est-à-dire au vɪᵉ siècle.

Dozy (6) signale deux manuscrits arabes de ce traité d'agriculture.

1ᵉ Nº 1277. — (Cod. 414, Warn).

Ouvrage divisé en douze parties, comprenant 324 chapitres, dont 50 traitent des animaux domestiques.

2° Nº 1278. — (Cod. 540, Warn).

Même ouvrage, mais très réduit. Traduction du persique par un anonyme, et, ensuite de la langue persique en arabe par un autre anonyme.
Écrit vers 563.

Un autre exemplaire de ce manuscrit se trouve à la Bibl. Bodl (Uri, 439), Dozy).

Septième siècle.

2°. — ABU JUSOF.

Vétérinaire cité par Dozy, dans un manuscrit de Mohammed ibn Jakub.

Abu l'abbas Ahmed ibn Jusof al-Tifaschi vivait vers 651, suivant le témoignage d'Hadji Khalfa.

La bibliothèque de Leyde en possède un manuscrit mutilé (Dozy).

3°. — MOHAMMED IBN JAKUB IBN AKHI-KHOZÀM AL-KHÂTLI OU KHOTTALI OU EL-CHEILI.

Son père aurait été, paraît-il, directeur des écuries du Khalife al Motad-hed. Quelques personnes l'appellent encore *Abou Hizam* (Hadji Khalfa, V. p. 22. cf. vɪɪ. 851). Mohammed ibn Jakub aurait vécu vers 695.

---

(6) Dozy. — *Catalog. codic. orientalium, Bibl. Academia Lugduno Batavæ.* T. ɪɪɪ. — *Ars veterinaria.* — Lugduni Batavorum. 4 vol., 1851.

On connaît plusieurs manuscrits de ses travaux, mentionnés par Dozy dans le catalogue des manuscrits de la bibliothèque de Leyde. (Hollande).

1° N° 1407. — (Cod. 528, Warn) — Manuscrit divisé en deux parties.

1re Partie, subdivisée en plusieurs chapitres ; description externe du cheval, âge, races, robes, vices, défectuosités et maladies.

2e Partie. Traité des médicaments dont l'auteur doit la plus grande partie à *Abu-Jusof*, vétérinaire.

Manuscrit écrit avec magnificence vers 695. Il ne paraît pas antérieur à cette date. Il manque plusieurs feuilles au commencement (Dozy, p. 284).

2° N° 1408. — (Cod. 299 (1), Warn).

Mauvaise rédaction du manuscrit précédent. Lacunes plus nombreuses et plus importantes. Tableaux dans lesquels sont figurés deux chevaux ; l'un avec indication des os des membres ; l'autre avec indication des maladies ou défectuosités des régions. Fol. 1 à 45 Dozy, p. 284 .

3° N° 1409. — Cod. 299 2 . Warn).

Même ouvrage. Rédaction meilleure. La première partie manque. Fol. 45 à 88. Manuscrit écrit, vers 743. par le copiste qui a transcrit le numéro 1408.

Le fils du prince *Ladjin-al-Hosâmi* aurait, paraît il, possédé ce volume, dont il existe un exemplaire à Oxford. n° 368 2 Hadji-Khalfa. II-238 Dozy. p. 284 .

4° N° 1410. — Cod. 614 2). Warn .

Version persique du même ouvrage, contenant seulement la 3e section de la première partie et toute la seconde. Écrit vers 730.

Un exemplaire est décrit par Hammer W. Jahrb, 67. Anz. Bl., p. 38 . L'auteur est le même, mais, dans quelques manuscrits d'Hadji-Khalfa. il est appelé *Mohammed ibn Hesam* Dozy. p. 284 .

5° N° 1411. — Cod. 299 3 . Warn .

Paraît être, à première vue, la continuation du manuscrit n° 1409 ; cependant, après comparaison, il semble un peu différent. Il renferme de nombreux préceptes sur les maladies du cheval, tirés des vétérinaires grecs, indiens, persans, syriens, etc. Parmi les premiers, il cite souvent *Astortos*, et parmi les indiens *Djonah*. Le copiste est le même que celui qui a transcrit les précédents manuscrits Dozy, p. 284).

6° N° 1412. — Cod. 614 1 , Warn .

Traduction persique d'un autre ouvrage de Mohammed ibn Jakub, divisé en 39 chapitres et traitant de tout ce qui concerne l'élevage du cheval.

Le copiste persique dit que ce manuscrit a été primitivement composé en arabe et traduit par lui en langue persique. sous les auspices d'un homme illustre. dont il ne peut. dit-il, placer le nom en tête de ce volume.

L'auteur, dans la préface, commence par accabler son père de louanges, et ajoute, qu'instruit par un tel père, il ne pouvait que devenir plus habile en médecine vétérinaire ; c'est pourquoi il a écrit ce travail en mémoire de son père.

Même copiste que le précédent Dozy. p. 284 .

7° N° 1413. — (Cod. 141 5 . Warn .

46 recettes vétérinaires, annotées sur des feuillets blancs ajoutés par le possesseur dudit manuscrit. Il en reste 3 pages contenant 13 recettes Dozy. p. 284 .

8° N° 2823.— Premier et dernier feuillet d'un Traité de *Aboû Abd-Allah Moham-*

mail ibn ya quoûb ibn Akhi-Khozâim, sur la guerre sainte, l'équitation et les maladies des chevaux.

Manuscrit de 2 feuilles, daté de l'an 1063 de l'hégire 1653 de Jésus-Christ).

Bibliothèque nationale, Catalogue des manuscrits arabes. n° 2823 supplément n° 2105).

9° N° 1365. — Manuscrit in-folio, de 173 feuillets, paraissant être du xive siècle. Il a pour titre : *Kitâb al-furusiyyah* de *Abu Yûsuf ya Kûb ibn Akhi Hizâm.*

Ce livre traite d'abord de la valeur des chevaux, de l'élevage, des soins à leur donner, et enfin, au feuillet 96, des maladies auxquelles ils sont sujets, et dont 80 environ sont décrites (Add. 23416.

Catalogus codicum manuscriptorum orientalium qui in Museo Britannico asserrantur. Londres, 1871. T. III. p. 634.

Huitième siècle.

4°. — Abou Abd Allah Wahb, fils de Mounabbih, fils de Kâmil.

Wahb était d'origine persane, car il naquit dans une bourgade voisine de la ville de Mérou. Il fut un des disciples de Mahommet et mourut en 114 de l'hégire. Il a composé un petit poème intitulé : *Kitâb fi ilm siâciâl el-Kail,* livre sur la manière de diriger et de traiter les chevaux ou science hippique. Ce poème, qui n'existe qu'à l'état de manuscrit, aurait été lu par l'auteur en présence de *Salâh-el-dîn* et des grands dignitaires de sa cour. Perron (t. II, p. vii. et 438) rapporte même que le prince, enthousiasmé, l'aurait complimenté en ces termes : « Je le jure par la matinée et par la nuit, « tu es le plus capable de surveiller et de connaître les chevaux. Sois, désor- « mais, le chef inspecteur de mes chevaux ; et sois aussi l'intime de ma « personne ».

1° N° 2817. — Supplément arabe, n° 993). — Manuscrit. Bibliothèque nationale.

Ce manuscrit a été rapporté d'Égypte par le général Menou, qui en fit don à la bibliothèque, le 18 ventôse an XI.

L'ouvrage commence par une série de traditions dans lesquelles Mahommet a parlé du cheval, puis vient un poème rimant en *ri,* qui aurait été récité devant le sultan *Salâh-al-din Yousof ibn Aiyoûb.* Dans cette pièce, dont chaque vers est accompagné d'un commentaire, l'auteur décrit les marques et qualités d'un bon cheval. Il est orné de 8 peintures.

Ce manuscrit se termine par un poème sur les défauts et maladies des chevaux, sur les armes offensives et défensives du cavalier, sur l'entraînement, le harnachement, etc., etc.

Ce manuscrit est daté de l'an 1180 de l'hégire 1670 de Jésus-Christ .

Papier : 100 feuillets.

Le baron de Slane (7), dans son catalogue des manuscrits de la Bibliothèque nationale, dit que ce manuscrit est sans titre, ni nom d'auteur ; le titre qu'on lit en en tête étant apocryphe.

---

(7) Baron de Slane. Catalogue des manuscrits arabes de la Bibliothèque nationale. Imprimerie nationale. 1883.

5°. — DAÒUD.

Daòud le Nedjàride ou de la tribu des Beni nedjar, fils de Mohammed, est l'auteur du *Kitâb el-feroûciâh*. En son temps, disent les chroniques, il n'y eut pas, dans tout l'univers, de plus habile connaisseur en chevaux. Il vivait sous le règne d'El-Mansour (Almanzor, 753 à 775).

Neuvième siècle.

6°. — IBN ES SIKIT.

Philologue, auteur d'un Traité sur la physiologie du cheval. Mort en 829. (De Hammer-Purgstall.) (8).

7° KOTHROB.

De Hammer-Purgstall le cite comme ayant écrit sur la physiologie du cheval. Mort en 829.

8°. — ABOU AMROU ECH SCHEIBANI.

A composé un traité sur le cheval. Mort en 830. (De Hammer-Purgstall.)

9°. — EL-ASMAÏ.

El-Asmaï, surnom de *Abu Said Abdamalech Ben Coraib*, naquit en l'an 739 et mourut en 830. Poète d'une grande valeur, très versé dans l'éloquence et l'interprétation du Coran, il aurait été un des favoris les plus intimes et les plus remarqués du calife Hâroùn el Raschid, et auteur de plusieurs travaux sur le cheval, témoin l'anecdote suivante rapportée par Abou Bekr (*Nâcéri*, t. II, p. 14).

« J'entrai un jour, dit Asmaï, avec Abou Obéïdah chez El-Fadl, vizir tout-
« puissant. Asmaï, me dit El-Fadl, combien ton livre sur le cheval a-t-il de
« volumes ? — Un seul, répondis-je. El-Fadl adressa la même question à Abou
« Obeïdah et celui-ci répondit cinquante volumes. El-Fadl demanda qu'on
« apportât les deux ouvrages, fit ensuite amener un cheval de race, et dit
« après cela à Abou Obéïdah : Abou Obéïdah, lis-nous ton livre lettre par
« lettre, et, au fur et à mesure, pose la main, place par place, sur tout ce
« que tu nommeras du cheval.

« — Que Dieu te donne grandeur et éclat ! reprit Abou Obéïdah ; je ne suis
« pas un maréchal ferrant. Ce que contient ce livre, ce sont toutes choses
« que j'ai empruntées aux Arabes, et j'en ai composé ce travail. — Voyons,
« Asmaï, me dit El-Fadl, à toi ; et mets la main, place par place, sur tout ce

---

8. De Hammer-Purgstall. Lettre à M. Mohl, sur les chevaux arabes. *Journal asiatique*, 4ᵉ série. T. XX. 1852. p. 510.

« que tu nommeras du cheval. Alors je dégageai mon bras de dedans mon
« vêtement, je me levai, et je commençai par parler des oreilles, puis du
« toupet du cheval, et je me mis à les décrire et les caractériser dans tous
« leurs accidents les plus détaillés ; je poursuivis mes indications et détails
« descriptifs des chevaux jusqu'à ce que j'en vins aux sabots. El-Fadl me
« fit alors cadeau du cheval. De ce jour-là, lorsque je voulais remuer la
« mauvaise humeur d'Abou Obéïdah, je montais le cheval et j'allais chez
« Abou Obeïdah ».

Asmaï est plusieurs fois cité par Abou Bekr à propos de l'âge (ch. vi, 56),
de l'extérieur (ix, 78), de la corne des sabots (xi, 111).

Ibn al Awam le cite plusieurs fois sous des noms différents, mais qui se rapportent peut-être tous au même individu : Assemahi — Al-açamy — Assimay
— Assamahi.

D'après de Hammer-Purgstall, Asmaï, mort en 828 de notre ère, aurait
écrit deux traités vétérinaires :

1° Le Livre du cheval (Kitab el feres).

2° Le Livre des chevaux (Kitab al Khiel).

Le frère d'Asmaï, mort en 845, a aussi écrit un Livre sur le cheval.

10°. — Abou Obeïdah.

Abou Obeïdah nous est connu par l'anecdote précédente, relatée par
Asmaï, dont il était le contemporain.

Abou Obeïdah est cité plusieurs fois par Abou Bekr (t. III, ch. i, xi) et trois
fois par Ibn-al-Awam sous le nom d'Abou Obeïd et d'Ibn Obeïd.

De Hammer-Purgstall (Geschichte der litteratur Araber, III, 450) fait observer
que Abou Obeidé, un des plus grands philologues, dont ibn Khallikan donne
la biographie détaillée, doit avoir écrit plus d'une centaine d'ouvrages. Mais,
dit-il, parmi les soixante, dont Khallikan donne les titres, il n'y en a que
cinq qui ont rapport aux chevaux :

1° Le Livre des qualités des chevaux, n° 23 ;

2° Le Livre des chevaux, n° 27 ;

3° Le Livre des freins, n° 36 ;

4° Le Livre du cheval, n° 37 ;

5° Des soins à donner aux chevaux, n° 58.

11°. — Hicham ibn ibrahim el Kerenbat.

Vétérinaire contemporain d'Asmaï (De Hammer-Purgstall).

12°. — Sabit Ali.

Contemporain d'Obéid ben Sellam. Mort en 838. A composé un Traité de
physiologie du cheval. (De Hammer-Purgstall.)

13°. — IBN AL-ARRAWI.

A composé un livre sur les chevaux. Mort en 845. (De Hammer-Purgstall.)

14°. — ABOU DJA'FAR MOHAMMED IBN HABÌB EL-BARDÀLÌ.

Cité comme hippologue ancien par Perron (Nàcérî, t. II, p. XIV). Il mourut vers 859 ou 860 de notre ère.

Peut-être est-ce *Ibn de Bagdad*, auteur d'un livre sur la vétérinaire, dont Ibn-al-Awam cite des extraits (Clément Mullet, t. II, 2ᵉ part., p. 105).

De Hammer-Purgstall le désigne sous le nom de Abou Djafer Mohammed ben Habib Bagdadi, mort en 851.

15°. — ABOU MAHLEM MOHAMMED IBN HICHÀM.

Abou Mokhim Mohammed ben Hichâm ech-Cheibani est cité comme auteur d'un Traité sur le cheval par de Hammer-Purgstall, qui fixe la date de sa mort en 851. Il est aussi cité comme hippologue par Perron (t. 2, p. XIV).

16°. — AHMED BEN HATIM.

Disciple d'Asmaï, mort en 862. A écrit un Livre des chevaux (De Hammer-Purgstall).

17°. — ABOU HATIM SAHL BEN MOHAMMED SEJESTANI.

Mentionné par Hadji Khalfa (t. V, art. 10370, 10365), comme auteur d'un Traité sur la médecine vétérinaire « *Kilab el-feres* ». Cet auteur mourut en l'an 248 de l'hégire, 862 de Jésus-Christ. C'est probablement le même que le précédent.

18°. — HONEIN BEN ISHAQ *(Abou zeid el ïbady).*

D'après Leclerc (t. I, p. 139), Honein ben ishaq, né à Hira en 809, mourut en l'an 260 de l'hégire, 873 de notre ère. Son père Ishaq était pharmacien, d'où son surnom d'el ïbady.

C'est une des plus grandes figures, des plus belles intelligences du IXᵉ siècle. Il était encore jeune quand le sultan Mâmoun le chargea de traduire en arabe les œuvres écrites en langue grecque. En dehors des ces traductions, il composa plusieurs Traités, parmi lesquels nous signalerons un Traité d'agriculture et un Traité d'hippiatrique (9).

1° *Traité d'hippiatrique* attribué à *Honaïn ibn Ishaq.*

Manuscrit daté de l'an 750 de l'hégire (1349 de J.-C.). Bibl. nat. Cat. des man. arabes nᵒ 2810 (ancien fonds 1038.)

---

(9) Dᵣ Leclerc. — *Histoire de la médecine arabe.* Paris, Leroux 1876, 2 vol. in-8.

D'après Clément Mullet (t. II, 2ᵉ partie, page ɪᴠ), ce manuscrit est divisé en deux parties, dont la première serait l'œuvre d'Honéin ben Ishâq, et la seconde celle de Tsabit ben qorah.

Le livre d'Honéin comprend 46 feuillets, in-4, sans date, et commence par ces mots : « Some ou table de ce qui est contenu dans le livre de la médecine vétéri- « naire. » Il se termine par ceux-ci : « Fin du livre de Théomnestus traduit par Ishaq, « médecin vétérinaire. »

Il cite, en effet, fréquemment les auteurs grecs, notamment Apsyrte. Son livre paraît n'être qu'une traduction fort abrégée des œuvres hippiatriques grecques.

2° Ce manuscrit, inscrit à la Bibliothèque nationale sous le nᵒ 2609 du supplé- ment arabe, est précédé d'une notice imprimée de M. Cherbonneau. Dans cette notice, il dit que ce manuscrit de 360 pages, en 180 feuillets, d'une écriture serrée, forme pour ainsi dire le compendium des connaissances musulmanes en agronomie au moyen âge. Le dernier chapitre traite seul de l'élevage des animaux.

Mais, tandis que M. Cherbonneau attribue ce Traité à un seul auteur, une note manuscrite reliée à la fin du volume prétend que c'est un recueil de fragments avec les noms des auteurs cités plus de deux cents fois.

Les folios 1 à 47 traitent de la médecine et des aliments.

Les folios 47 à 64 traitent de l'agriculture; ce sont des citations des *Géoponiques*.

Ceux de 64 à 161 comprennent le Traité d'agriculture d'*Abou l'Khair ech-chedjar*, agronome sévillanais distingué.

Folio 161, fragments sans intérêt; folio 162, calendrier agricole.

Ce qui termine le volume est indéchiffrable. Bibl. nat. Catal. manuscr. arabes, nᵒ 2609.

19°. — COSTA BEN LUCA.

Costa, fils de Luca, était d'origine grecque. Aussi versé dans la langue arabe que dans la langue grecque, il fut un traducteur estimé. Aussi fut-il appelé dans l'Irak pour y faire des traductions. C'est là qu'il traduisit en langue arabe le Traité d'agriculture de Costus (Leclerc, t. I, p. 157).

20°. — ABOU YOUSEF IAKOUB BEN ISHAQ EL KENDY.

Il fut, chez les Arabes, celui qui entra le plus vivement dans le mouvement scientifique provoqué par les Abassides. Aussi, dit Leclerc (t. I, p. 160), on reste étonné quand on parcourt la liste de ses nombreux écrits. Parmi eux nous trouvons un Traité des chevaux et de médecine vétérinaire. Nul ne connut mieux que lui la science des Grecs et des Persans. On croit qu'il mourut vers 873 ou 880; il était contemporain de Costa ben Luca.

21°. — ABBAS BEN ABIL FEREDJE ER RISCHI.

Contemporain d'el Mazini, mort en 884, a écrit un Livre des chevaux (De Hammer-Purgstall).

22°. — HICHAM ABOU'L MOHALIM.

Auteur d'un Traité sur les chevaux. Mort en 884. (De Hammer-Purgstall.

23°. — IBN KOTEÏBAH.

Ibn Koteïbâh n'est pas réellement un vétérinaire. C'était un savant, un philosophe ou un littérateur distingué qui mourut vers 883-84 de J.-C. Mais dans son « *Edeb el Kâteb* », manuel de l'écrivain ou de l'homme de lettres, il a consacré plusieurs chapitres à la description de l'extérieur du cheval. Il est cité dans le *Nâcéri* (t. II, ch. IX, p. 71), à propos des dénominations et distinctions, au moyen desquelles les Arabes spécialisaient les différentes parties de la conformation externe du cheval. C'est en quelque sorte un vocabulaire d'extérieur. Mort en 881.

Ibn-Qotaïbah ou *Qoteïbah* est mentionné dix-neuf fois dans le livre d'Ibn-al-Awam relativement aux questions vétérinaires, et cité (t. II, 2ᵉ part., p. 34) pour son livre « *Adab-al-Kitab* » élégance du livre.

24°. — OTBI.

Auteur de poésies sur le cheval. (De Hammer-Purgstall.)

25°. — ABUL-HAFEN THABIT BEN CORRA BEN ZAHRUM EL HARRÂNI ABOUL HASSAN OU TSABIT-BEN-CORRA.

Cité par Ibn al Awam et Abou Omar ibn Hedjadj. Né en Mésopotamie en 826 de notre ère, il mourut en 901, laissant de nombreux manuscrits médicaux. Il occupa un des premiers rangs parmi les traducteurs. Leclerc le cite comme ayant écrit un ouvrage sur l'anatomie des oiseaux.

Nous avons indiqué, dans le paragraphe précédent, qu'il était l'auteur d'un manuscrit sur la médecine vétérinaire.

Ce manuscrit, annexé à celui d'Houéin, figure à la Bibliothèque nationale sous le nᵒ 2810, fonds arabe (ancien fonds 1038). Il est daté de l'an 750 de l'hégire (1349). Il comprend 123 feuillets in-4 et est divisé en 90 chapitres traitant des principaux animaux domestiques ; 99 feuillets ont trait spécialement à l'étude des maladies et de leur traitement. L'auteur, dans sa préface, dit avoir composé son ouvrage d'après un manuscrit persan. (Clément Mullet, t. II, 2ᵉ partie, page IV.)

26°. — CHANAK.

Médecin indien, cité par Hadji Khalfa, t. V, art. 9953 et Clément-Mullet (t. II, 2ᵉ partie, p. X), comme ayant écrit un Traité de médecine vétérinaire. D'après Würstenfeld, Schânâc aurait laissé plusieurs ouvrages de médecine humaine et animale.

27°. — MOHAMMED IBN AKI HIZÀM.

Mohammed, fils d'Aki Hizâm, le Djebélide, mentionné comme vétérinaire par Abou Bekr (Nàcéri, t. II, p. 3), vivait vers 860, sous le califat de El Moutewakkal. Il est appelé par Herbelot (Bibl. orient.). *Abou Aki Harâm Mohammed*, fils *d'Ya'Koûb* ; c'est probablement le même auteur que celui que Ibn al Awam désigne sous le nom d'*Ibn Hizam l'Espagnol*.

28°. — En Bari.

Auteur d'un « Livre des chevaux ». Mort en 906. (De Hammer-Purgstall.)

29°. — Mohammed ben Abdas el Iezidi.

Mort en 908. (De Hammer-Purgstall.)

30°. — Ez Zedjadji.

Mort en 913. (De Hammer-Purgstall.)

31°. — Ibn Wahschiah.

Ibn Wahschiah, ou Ibn Ouahchiah fut-il l'auteur de l'*Agriculture naba-théenne* ou simplement son traducteur? Questions pleines de controverses qui ont amené la publication de nombreux et savants mémoires. Pour les élucider, il resterait à connaître la date exacte de cet ouvrage, et c'est justement à ce sujet que les controverses sont les plus nombreuses et les plus vives.

Quatremère, dans son mémoire sur les Nabathéens, se basant sur l'ancienneté de ces peuples de l'Arabie Pétrée, n'hésite pas à attribuer à l'agriculture nabathéenne une origine très ancienne. Il la place même avant la prise de Babylone par Cyrus.

Chwolson, de Saint-Pétersbourg, ayant pu consulter tous les manuscrits de l'agriculture nabathéenne connus, en a fait une copie aussi complète que possible. D'après lui, le babylonien *Kouthami* en serait l'unique auteur. Ce ne serait pas une compilation, mais un livre tout d'une pièce, auquel les Arabes n'auraient fait que des retouches de peu d'importance. Kouthami, ajoute Chwolson, n'a pu écrire ce Traité plus tard que le commencement du XIII° siècle avant Jésus-Christ.

Meyer, de l'Université de Königsberg (*Histoire de la Botanique*, t, III°, refuse d'accorder à l'agriculture nabathéenne une aussi haute antiquité. Il déclare que s'il était obligé de lui assigner une date, il la placerait au I°[er] siècle de notre ère.

Ewald pense que ce Traité n'est que le résultat de remaniements et de retouches successives.

Paul de Lagarde prétend que l'agriculture nabathéenne n'est qu'une traduction des *Géoponiques*, dont on possède au Musée britannique une version en syriaque. Mais cette opinion, dit Renan, partagée avec Niclas, ne repose que sur un malentendu.

N. Gutschmied, croit que Ibn Wahschiah a la plus grande part dans la rédaction de cette œuvre.

Renan (*Mémoire sur l'âge du livre intitulé Agriculture nabathéenne*. Mém. Acad. inscrip. et bel.-lett., t. XXIV, p. 139), avec la compétence qu'on lui connaît, a essayé de faire le jour sur cette question.

Par de savantes déductions, il réfute les opinions de Quatremère et de Chwolson, et refuse d'admettre la possibilité de conservation d'un manuscrit de ce genre pendant deux ou trois mille ans.

Il pose en principe, que ce Traité ne peut être antérieur au IIIe ou IVe siècle de notre ère. Il s'appuie sur ce fait que l'auteur *Kouthami* connaissait la science grecque, les institutions de la Perse Achéménide et la tradition juive.

Ibn Wahschyyah al-Kasdani, ou le Chaldéen, n'en serait que le traducteur. Une bonne fortune ayant fait tomber entre ses mains une grande collection d'écrits nabathéens, soustraits au fanatisme musulman, il passa sa vie à les traduire, et créa, vers 904 de notre ère, une bibliothèque nabatéo-arabe traduite du babylonien en arabe. De ce nombre fut l'agriculture nabathéenne, dont l'original était écrit en araméen.

D'après Ibn al Awam (Clément Mullet, t. I, p. 8), Kouthami aurait composé son travail suivant les préceptes formulés par les plus célèbres agronomes nabathéens, et Ibn Wahschyah l'aurait traduit en arabe, en y joignant ses propres observations. L'agriculture nabathéenne était en effet assez riche, et, parmi les nombreux traités mis au jour, nous pouvons citer ceux de *Jambouschad*, *Tamitri* ou *Tamiri*, *Anoucha*, *Douna*, et surtout celui de *Sagrit* ou *Dhagrit* qui passe pour le plus ancien Traité d'agriculture.

Le Traité agricole d'*Ibn Wahschyah* est cité deux cent quatre-vingt-dix-huit fois dans l'ouvrage d'Ibn al Awam, surtout en ce qui concerne l'agriculture proprement dite. A peine est-il mentionné deux ou trois fois à propos des maladies des animaux, ce qui laisse à supposer que l'agriculture nabathéenne aurait peu parlé de la médecine vétérinaire.

1° N° 2802. — *Abrégé d'agriculture* attribué au philosophe Démocrite. C'est un manuel pour le cultivateur, renfermant des notions utiles sur la culture des céréales, des arbres fruitiers et des légumes, et des observations sur l'éducation des animaux.

On lit en tête du manuscrit : *Abrégé d'agriculture d'Ibn Ouahchiya*, mais le nom d'Ibn Wahschiya ne figure nulle part dans le texte.

Clément Mullet (T. I, p. 83) croit que c'est une traduction des *Géoponiques*.

Papier, 30 feuillets. Les premiers feuillets présentent quelques lacunes. Manuscrit du XVIe siècle.

Cat. man. arabes. Bibl. nat. n° 2802 (ancien fonds 914).

2° N° 2803. — *L'Agriculture nabathéenne*, traduite d'après le titre de la seconde partie (fol. 94), de la langue des Chaldéens en arabe, en 291 de l'hégire (903 904 de J.-C.), par *Abou Bekr ibn Ahmud ibn Ali*, généralement connu sous le nom d'*Ibn Wahschiya*.

Ce manuscrit de 300 feuillets ne comprend que la seconde partie et la seconde moitié de la première.

La copie est datée de l'an 1043 de l'hégire (1634). Cat. man. arabes. Bibl. nat. n° 2803 (ancien fonds 913).

3° N° 2805. — *Abrégé d'agriculture*. L'auteur est inconnu. Il dit qu'aux notions acquises par sa propre expérience, il a ajouté celles qui lui ont été fournies par les traités d'*Ibn Wahschiah* et les Grecs. Il cite aussi *Ibn al Beïthar* (f. 52, v°).

Ce manuscrit du xive siècle comprend 110 feuillets. Cat. man. Bibl. nat. n° 2805 (ancien fonds 915).

4° N° 2806. — *Traité d'agriculture et d'élevage des animaux domestiques*. Ouvrage sans titre ni nom d'auteur. Les indications qui se trouvent au verso du premier et du second feuillet sont inexactes, car l'auteur ne s'est pas servi de l'agriculture nabathéenne et ne la cite pas une seule fois. Ce livre est cependant intitulé : *Livre d'agriculture nabathéenne* ou *Abrégé de la grande agriculture nabathéenne* (Kitab el Felahat en nabatiat).

Le copiste se nomme *Abou-Bakr-Ibn-Yahia-Ibn-Youssof-Ibn-Qorqmâs al Khamrâwi*. L'auteur inconnu dit que cet extrait a été puisé dans les livres grecs. Clément Mullet croit que c'est une traduction des *Géoponiques*. D'après Leclerc, ce manuscrit serait plutôt une imitation qu'une traduction. Dans ce manuscrit, on trouve des indications relatives à l'hygiène des villes. Il y est dit que chaque ville devrait avoir un médecin et un vétérinaire, etc. Manuscrit de 116 feuillets, daté de l'an 959 de l'hégire (1552 de J.-C.).

Cat. man. arabes. Bibl. nat. n° 2806 (supplément 882).

5° N° 388. — *L'Agriculture nabathéenne*, d'Abu Bekr Ahmed Ibn Ali Ibn Wahschija. Man. in-fol., de 136 feuillets, écrit en 442 de l'hégire (1050), par Damascus.

Tornberg, Codices Arabici-Persici. Bibl. regiæ Universitatis Upsaliensis, 1849.

6° N° 2807. — *Traité d'agriculture*. L'auteur dit avoir puisé le contenu de cette compilation dans l'agriculture nabathéenne d'Ibn Waschyia, dans l'agriculture des Grecs et dans les connaissances pratiques qu'il s'était lui-même acquises.

Manuscrit daté de l'an 1019 de l'hégire (1610-1611 de J.-C. Papier, 82 feuillets. Cat. man. arabes. Bibl. nat. n° 2807 (supplément arabe 883).

7° N° 2808. — Même ouvrage. Papier, 94 feuillets, manuscrit du xviie siècle.

Baron de Slane. Cat. man. arabes. Bibl. nat. n° 2808 (supplément arabe 883bis).

8° *Quelques parties d'agriculture nabathéenne*. Le commencement et la fin manquent. 174 feuilles.

Cat. man. arabes. Bibl. nat., n° 4950 (Supplément 2795).

9° N° 1279. — (Cod. 303 *a* et *b* et 476 Warn).

Agriculture nabathéenne qu'*Abou Becr Ahmed Ibn Ali Ibn Kaïs Chaldaus*, vulgo Ibn-Wahschiyah, aurait traduit vers 291 du chaldéen en arabe.

Le premier volume 303 *a* est incomplet. Le n° 476 est complet. Il contient 635 pages et aurait été écrit vers 872 (Dozy).

10° N° 1280. — (Cod. 303 *d* Warn).

Volume second du même ouvrage, écrit pour la bibliothèque du sultan *Kançuh-Gauri*, 221 pages. (Dozy).

11° N° 1281. — (Cod. 303 *c* Warn).

Volume troisième du même ouvrage, écrit vers 1060 (Dozy).

12° N° 1282. — (Cod. 524 Warn).

Abrégé de l'agriculture nabathéenne, d'un auteur inconnu. 65 feuilles ; il en manque plusieurs (Dozy).

13° N° 1283. — Autre *Abrégé de l'agriculture nabathéenne*, fait au XVII° siècle par *Sjahin Candi* (Dozy).

14° N° 1284. — (Cod. 726 Warn). Autre manuscrit d'Ibn Wahschiyah dont parle Chwolson. 118 pages (Dozy).

Onzième siècle.

32°. — GARIB BEN SAID EL KATEB.

Médecin, cité une fois par Ibn-al-Awam, sous le nom de *Gharib ibn Sahad* ou *Katib de Cordoue*, comme ayant composé un Traité d'agriculture et de médecine vétérinaire. D'après Wurstenfeld, il aurait été secrétaire du calife espagnol Abdel-Rahman III et de El-Hakim-el-Moftanser-Billah, vers la fin du X° siècle de notre ère. Casiri l'appelle Gârib.

33°. — ABOU HANIFA EDDINOURY.

Abou Hanifa Ahmed ben Daoud, surnommé Eddinoury, du nom de sa patrie Dinaouer (Iraq), fut un des plus éminents botanistes de l'Orient. On croit qu'il naquit vers l'année 282 de l'hégire ou 895 de notre ère.

Casiri lui attribue un *Traité d'agriculture et de médecine vétérinaire* que M. de Sacy croit identique au *Traité des plantes*. Leclerc pense que c'est douteux. Il a été souvent cité par Ibn el Beithar et Ibn al Awam.

34°. — TOBAÏGHA AL-HARKAMASCHY-AL-TAMAN-TSAMARI.

Cet auteur, qui semble d'origine turque ou tartare, a écrit un Traité d'agriculture, composé d'après l'*Agriculture nabathéenne* et les traités agricoles grecs.

Il existe un manuscrit à la Bibliothèque nationale.
Ce manuscrit, de 82 feuillets, est daté de l'an 1019 de l'hégire (1610-1611 de J.-C.).
Man. arabes de la Bibl. nat., n° 2807 (ancien fonds 883).

35°. — MOUSA IBN NAÇR.

Mousa ben naçr, ibn-Mousa, ibn abou Mousa, ibn abou Naçr est cité 70 fois par Ibn-al-Awam, dont 40 à propos de maladies des animaux.

Mousa ibn Naçr est quelquefois désigné, par Ibn al Awam, sous les noms de Mousa ben Naçr; Ibn Mousa; Ibn abou Mousa; Ibn abou Naçr.

36°. — IBN-ABOU-HAZEM.

Cité plus de 150 fois par Ibn-al-Awam, dont 94 fois à propos des maladies du cheval. Dans la partie vétérinaire (Clément Mullet, t. II, 2° part., p. 214), il est mentionné comme auteur d'un livre d'équitation.

La Bibliothèque nationale de Paris (man. supplément. arabe n° 988-2) possède un manuscrit intitulé : *Recueil réunissant les différentes branches de l'art*, et qui, comme le manuscrit n° 1128, comprend deux parties, dont l'une traite de la manière de monter à cheval. Il a pour auteur *Ibn Hazem* qui est peut-être le même écrivain que *Ibn Abou Hazem*. Reinaud dit que ce manuscrit a été fait pour quelque grand personnage de la Cour des sultans mamcloucks et que cet exemplaire pourrait provenir de la bibliothèque du sérail de Constantinople. (Clément Mullet, t. II, 2ᵉ partie, p. 9.)

37°. — MOHALEB-IBN-ABOU ÇOFARAH.

Cité par Ibn-al-Awam (t. II, 2ᵉ part. p. 214) comme auteur d'un Traité sur l'équitation.

38°. — ABOU 'l KHAÏR, DE SÉVILLE.

Un des auteurs les plus souvent mentionnés par Ibn al Awam qui dit à son propos : « J'ai puisé dans le livre d'Abou 'l-Khair composé d'après l'ensemble « des doctrines des savants et des agriculteurs, aussi bien que d'après les « résultats de sa propre expérience ».

On ne connaît rien, ni sur l'époque de sa mort, ni sur le titre de son livre. (Clément Mullet, t. I, p. 8.)

39°. — ISSA BEN EL ASDY.

Casiri le désigne sous le nom d'Issa ben Ali Hassan el-Assdy et le fait vivre au vııᵉ siècle de l'hégire. Leclerc le place au xıᵉ siècle de notre ère.

Il écrivit un Traité sur la chasse, avec les oiseaux, dont on a retrouvé deux manuscrits.

1° N° 898 de l'Escurial, manuscrit in-folio de 500 pages. Traité divisé en deux parties :
1. — Traité des oiseaux chasseurs.
2. — Traité de l'alimentation, de l'hygiène, de la médecine des animaux. Dans cette partie le chien tient une large place (Leclerc).
2° N° 1367 du musée britannique. Manuscrit incomplet.

40°. — HASSAN BEN AHMED ABOU MOHAMMED EL ABDJEMI.

Mort en 1036. (De Hammer-Purgstall.)

41°. — EBN HEDJADJ.

El Khatib Abou Omar Ahmed ben Mohammed ben Hedjadj, né à Séville ou à Cordoue, a composé un livre intitulé *Al-Mognâh* ou *Morny* « le suffisant ». C'est une vaste compilation agricole, ayant beaucoup de points de ressemblance avec les *Géoponiques*, et, à laquelle Ibn-al-Awam a fait de nombreux extraits, ainsi qu'il l'indique dans sa préface (t. I, p. 7.) :

« J'ai pris, dit-il, pour base de mon travail ce qu'a écrit le cheik savant « et illustre Abou Omar ibn Hedjadj, dans son livre qui porte pour titre « *El* « *Mognâh* », qu'il composa en l'an 466 de l'hégire (1073 de notre ère).

« Il a rédigé son travail d'après les doctrines des agriculteurs et des philo- « sophes Motécalemins les plus distingués (secte de philosophes arabes) ; il

« a rapporté ou traduit les textes en citant chacun des auteurs auxquels ils
« appartiennent. »

Le nombre des auteurs, qui ont fourni les citations ci-dessus, s'élève à 30,
parmi lesquels plusieurs grecs, dont les noms sont défigurés.

Ses prescriptions sont fort sensées, si l'on en juge par une citation d'Ibn-
al-Awam (t. II, 2e partie, p. 228) à propos de recommandations aux amateurs
de chevaux, qu'il tire d'Ibn Hedjadj :

« Le propriétaire d'un cheval ne doit jamais négliger de visiter son cheval,
« inspecter son écurie, voir ses pâturages et tout ce qui se rattache à sa
« nourriture, à son abreuvement et au bien-être de l'animal. La chose prin-
« cipale pour lui, c'est, tous les matins comme tous les soirs, d'examiner
« les pieds du cheval... Sachez que les maladies les plus sérieuses, sont, au
« début, sans importance, ni gravité. »

42°. — ABOU-ABD-ALLAH-MOHAMMED-IBN IBRAHIM-IBN EL FACEL OU BAÇAL AL-ANDALISI.

Cité par Ibn Hedjadj, Casiri, dans *El Makkari* (t. II, p. 104), comme auteur
d'un Traité agricole, auquel Ibn-al Awam a fait plusieurs emprunts. Meyer
pense qu'il vivait vers 1074 de notre ère et qu'il était contemporain d'Ibn
Hedjadj. Ibn al-Awam en fait souvent mention (une trentaine de fois environ)
à propos d'agriculture. (Clément Mullet, t. I, p. 8.)

43°. — TRAITÉ DE FAUCONNERIE.

Manuscrit en langue persique, dans lequel l'auteur expose ce que les Grecs
Turcs, Indiens, Perses ont dit avant lui. Ce manuscrit a été écrit vers
l'année 1038.
Bibl. societatis Indiæ orientalis, n° 1422. Cod. 1331 (Dozy).

Douzième siècle.

44°. — HADJ AHMED DE GRENADE (1160).

Casiri le signale comme auteur d'un Abrégé d'agriculture composé vers
1160. Clément Mullet (t. I, préface, p. 78) se demande où Casiri a pu puiser
ces données, car on ne connait rien sur le compte d'Hadj de Grenade.
Hadji Khalfa l'a passé sous silence. Toutefois, il est cité par Ibn-al-Awam.

45°. — ABOU 'L FARADJ ALÌ EL-RAHMAN IBN EL-DJAÛZI.

Auteur du *Kitâb el-feroûciah farusiyet* ou Traité d'équitation. (Nâceri,
t. II, p. XIV), Clément Mullet, t. II, p. IX). Hadji Khalfa (t. V) signale ce
manuscrit sous le n° 10369. Il mourut en l'an 598 de l'hégire (1201 de
J.-C.).

46°. — IBN-AL-AWAM.

Abou-Zakaria-Jahia-ibn-Mohammed-Abou-Ahmed-ibn-al-Awam ou *Aouam,* natif de Séville, aurait composé, vers le XIIe siècle de notre ère, un Traité d'agriculture intitulé : *Kitab al Felahah.*

Très passionné pour les sciences agricoles, joignant la pratique à la théorie, il mit à profit et ses connaissances personnelles et celles de ses devanciers, ainsi qu'il le dit lui-même dans sa préface :

« Après avoir lu les livres sur l'agriculture laissés par les agronomes « musulmans d'Espagne et ceux qui viennent d'autres agronomes anciens « qui écrivirent antérieurement...., mon attention s'est fixée sur ce que ces « ouvrages contenaient de plus intéressant. C'est, d'après les sources origi- « nales mêmes, que je rapporte dans mon livre les systèmes ou manières « de voir qui y sont contenus, conservant les divisions par chapitres, par « sections et les explications. (Clément Mullet, t. I, p. 1 et 2.)

« J'ai rapporté... textuellement les opinions de mes prédécesseurs, selon « qu'ils les ont consignées dans leurs œuvres sans jamais chercher à les « modifier. Quant à moi, ajoute-t-il, je n'avance rien qui me soit propre, « sans qu'il ait été démontré par l'expérience. » *Id.* p. 9.

Les sources auxquelles Ibn-al-Awam a puisé sont nombreuses et font de son œuvre un résumé des meilleurs préceptes agronomiques des Naba- théens, des Grecs, (d'Aristote surtout), des Latins, des Arabes, etc., etc.

Bien que l'orthographe des noms propres laisse beaucoup à désirer, parmi les citations nombreuses contenues dans le traité d'Ibn-al-Awam, on reconnaît les noms bien connus des auteurs des *Géoponiques.* Il a eu aussi fréquemment recours aux auteurs espagnols ; malheureusement, par suite d'un excès de fanatisme fort regrettable, il évite avec soin de prononcer leurs noms. « J'ai aussi introduit les opinions d'hommes étrangers à l'islamisme « je ne les nomme point, mais je les indique d'une façon détournée, en fai- « sant précéder les passages cités, et par forme d'abréviation, de ces mots « *Un autre a dit....* » (*Id.* p. 9.)

Pour ne pas dépasser les limites que nous nous sommes imposées, nous nous bornerons à ne parler que des auteurs mentionnés par Ibn-al-Awam dans la partie vétérinaire. Ce sont, par ordre d'importance :

Abou Omar ibn Hedjadj, qu'il a pris pour base de son travail.

Ibn Abou Hazem, qu'il cite presque constamment (plus de 150 fois) propos de chaque maladie, de chaque traitement. Plusieurs fois il écrit : « Ibn Abou Azem a dit dans son livre... »

Mousa-ibn-Naçr (mentionné 70 fois).

Ibn-Qoteïba (mentionné 19 fois).

Hippocrate le vétérinaire (mentionné 15 fois), qui est peut-être l'Hippocrate grec dont nous avons parlé dans la première partie de notre travail.

Grecs. Suivant les Grecs, ainsi qu'il l'annonce une dizaine de fois; ce sont sans doute les hippiatres grecs.

Al-Açamy ou *Assemahi*, *Assimay*, *Assamahi* (mentionné 5 fois). Ces différents noms désignent probablement une seule et même personne.

Abou-Obéid, *Ibn-Obéid* (mentionné 3 fois).

Kastos (mentionnné 2 fois), mais cité nombre de fois à propos d'agriculture et de zootechnie.

Aristote (mentionné 3 fois).

Charib ben Seïd Katib de Cordoue ou *Sahid-Quatib* (mentionné 2 fois).

Ibn Bagdadi. A ce propos, dit : « Extrait du livre d'Ibn de Bagdad sur la médecine vétérinaire » (Clément-Mullet, t. II, 2ᵉ part., p. 105).

Amrou' l' Kaïs ou *Amrou-il-Khaïs* (mentionné 3 fois à propos des défectuosités du cheval).

Abou Nadjem (mentionné une fois).

Agriculture nabathéenne. Ibn-al-Awam ne mentionne l'agriculture nabathéenne que deux fois pour la partie vétérinaire, et encore est-il question de l'engraissement du cheval. Par contre, il signale fréquemment ce Traité d'agriculture dans les chapitres relatifs à l'agriculture.

Ibn Omar Hedjadj de Cordoue.
Abou l' Khair de Séville.
Mahmoud.
Ibn Salem.
Ibn Abdallah Mohammed ibn Ibrahim ibn al Fazel.
Abou Hanifah Amed ben Dawoud al Dinouri.
Abou Harirah.
Ibn Abou 'l Djouard.

Le Traité d'agriculture d'*Ibn-al-Awam*, qu'*Ibn-Khaldoum*, dans ses *Prolégomènes* (3ᵉ part., t. XXVIII, p. 120, des notices et extraits), mentionne comme un abrégé d'agriculture nabathéenne, est divisé en deux parties principales ou livres comprenant trente-quatre chapitres.

Le premier livre est une encyclopédie horticole où sont mentionnés tous les travaux relatifs à l'horticulture : connaissance des terres, qualités des engrais, systèmes divers d'irrigation, établissements de jardins, plantation des arbres fruitiers, nomenclature des principaux arbres fruitiers cultivés en Espagne, greffe, taille, fumure, fécondation artificielle, maladies des arbres et de leurs traitements, procédés pour communiquer aux fruits un parfum et une saveur qu'ils n'ont pas, procédés de conservation, etc., etc. (ch. I à XVI).

Le deuxième livre est divisé en deux parties : la première traite de la culture maraîchère, de la grande culture et des différentes opérations qu'elles nécessitent (ch. XVII à XXX).

La deuxième partie, la seule qui nous occupe en ce moment, forme un traité d'économie rurale, dont la partie principale a trait à l'élevage des animaux domestiques et aux soins à leur donner en cas de maladies. Elle comprend quatre chapitres, dont voici les sommaires :

Chapitre XXXI.—Élevage des animaux des espèces bovine, ovine et caprine. Choix des reproducteurs, soins à leur donner, alimentation, hygiène. Parmi les maladies des bovidés, il n'en signale que quatre ou cinq, entre autres la *panique*, qui survient chez les troupeaux affolés par les mouches.

Chapitre XXXII. —Élevage des chevaux, ânes, mulets, chameaux. Choix des reproducteurs, alimentation, engraissement, dressage, préceptes fondamentaux de l'équitation et de l'art hippique, extérieur du cheval, beautés et défectuosités des formes, dentition et connaissance de l'âge, ferrure.

Du chameau, il en est à peine question ; quelques lignes tout au plus, sur les cent et quelques pages consacrées au cheval : on voit qu'Ibn al Awam habitait un pays où la race camelienne était peu utilisée.

Chapitre XXXIII. — Ce chapitre est exclusivement vétérinaire (*Al Beitharah*). C'est l'énumération des principales maladies du cheval et de leur traitement. Cent onze maladies y sont décrites.

ART. 1ᵉʳ. — Maladies externes. Maladies des yeux (20 maladies).

ART. 2. — Maladies des naseaux, des lèvres, de la bouche, des dents. 10 maladies décrites, parmi lesquelles nous signalerons l'irrégularité des arcades dentaires guérie par le rabotage.

ART. 3. — Maladies de la tête, du cou, gorge, oreilles (16 maladies).

ART. 4. — Affections du corps en général (25 environ). Blessures de harnachement, mal de garrot, maladies de l'appareil digestif et respiratoire, des organes génito-urinaires, parmi lesquelles nous signalerons la dourine.

ART. 5. — Maladies du pied et des membres. Ce paragraphe est, de tous ceux qui précèdent, le plus long et le plus complet. 27 maladies y sont mentionnées telles que : javart, seime, bleime, dessolure, crapaud, crevasses, éparvin, mollette.

ART. 6. — Médicaments laxatifs.

ART. 7. — Médicaments purgatifs.

ART. 8. — Indication détaillée de quelques-unes des parties du cheval.

ART. 9 et 10. — Saignée, manuel opératoire, accidents, etc.

ART. 11. — Manière de monter à cheval.

ART. 12. — Recommandations aux propriétaires de chevaux et cavaliers.

Chapitre XXXIV. — Art. 1er. — Pigeon : Élevage, maladies (2 ou 3 à peine).

Art. 2. — Paon.

Art. 3. — Oie.

Art. 4. — Canard : Production des foies gras.

Art. 5. — Poule : Elevage, époques d'incubation, incubation artificielle, procédés de conservation des œufs, maladies.

Art. 6. — Abeille : Élevage, maladies, miel.

Ibn-al-Awan, dans sa préface (p. 21), annonce un trente-cinquième chapitre devant parler des chiens. Ce chapitre manque dans la traduction de Clément Mullet.

Si, dans la médecine des chevaux, on trouve des aperçus nouveaux, il n'en est pas de même dans les autres chapitres. Les descriptions des maladies des ovidés, des bovidés, etc., etc. sont extrêmement courtes et à peu près identiques à celles des *Géoponiques.*

Quoi qu'il en soit, le Traité Ibn al Awam est le résumé de tous les systèmes connus d'agriculture ; c'est, comme l'a très bien gratifié Passy, dans son rapport du 17 juillet 1859, à la Société d'Agriculture, une véritable *maison rustique.* (Clément Mullet, t. 1, préface, p. 19.)

IMPRIMÉS.

1. Le livre de l'agriculture d'Ibn-al-Awam (*Kitab-Al-Felahah*), traduit de l'arabe par Clément Mullet. Paris. Albert Herold, 1864, 2 vol.

2. « *Libro de agricultura* » su autor el doctor excelente Abou Zacaria iahia aben Mohammed ben Ahmed ibn-el Awam. Sevillano.

Traducido ab castellano y annotado por dom Josef Antonio Banqueri.

Madrid, imp. Réal, 1802, petit in-fol. 2 vol.

MANUSCRITS.

1° N° 2804. — *Livre d'agriculture*, par *abou Zakariya yahyâ ibn Mohammad ibn Ahmed ibn al Awam.*

Ce manuscrit ne renferme que les seize premiers chapitres et il y a encore trois lacunes.

282 feuillets. Man. du XIIIe siècle.

Baron de Slane. — Cat. man. arabes. Bibl. nat., n° 2804 (ancien fonds 912).

2° N° 1285. — (Cod. 346. Warn).

Manuscrit du livre d'ibn al Awam. Il est incomplet (Dozy).

3° Manuscrit du Traité d'agriculture de Abu Zacharia Jahia Ben Mohammad Ben Ahmad, vulgo, Ebn alwam, hispalensi, divisé en deux parties comprenant trente-quatre chapitres et 426 pages.

Ce manuscrit existe dans la Bibl. de l'Escurial, Espagne. Clément-Mullet croit que c'est ce manuscrit qui a servi à Banqueri.

Casiri. — *Bibl. arabico hispano Escurialensis.*

47°. — ARMEN.

Est-ce un vétérinaire? nous l'ignorons. Il n'est cité qu'une fois par Abou Bekr à propos de la toux. « Nous avons, dit Armen, expérimenté un grand « nombre de moyens thérapeutiques contre la toux. » (Perron. *Nâceri*, t. III, chap. vii, p. 107.)

48°. — MOHAMMED IBN RADOUÂN.

Cité comme ancien hippologue par Perron. Mort en 1258. (*Nâceri*, t. II, p. XIV.)

49°. — ABOU YOÛCEF.

Cité comme hippologue vétérinaire par Abou Bekr ibn Bedr (*Nâceri*, t. II, p. 3; t. III, chapitre XIV, p. 173). M. Perron, dans la préface du tome II de *Nâceri*, p. XIV, dit n'avoir trouvé aucune communication relative à Abou Yoûcef.

50°. — DOREÎD.

Signalé comme hippiatre par Abou Bekr. (Perron. *Nâceri*, t. III, p. 223.)
Porté comme lexicographe, auteur d'un Traité vétérinaire. Mort en 1023 (de Hammer-Purgstall).

51°. — MAHMOUD.

Abou Bekr le présente comme son oncle et comme médecin vétérinaire et chamelier connaisseur, à propos d'une opération obstétricale. Il relate à ce sujet une anecdote que lui aurait contée, sur son oncle, l'hippiatre Doreïd. (Perron. *Nâceri*, t. III, p. 223). Est-ce le même que celui dont parle quelquefois Ibn al Awam

52°. — BEDR EL-DIN.

Père d'Abou Bekr. Il ne le mentionne pas comme vétérinaire, mais il le cite tant de fois dans le *Nâceri* (plus de 20 citations), à propos de divers traitements, qu'il est à supposer qu'il était versé dans les connaissances hippiatriques,

53. — TRAITÉ D'HIPPIATRIQUE.

Le commencement et la fin manquent. L'ouvrage, qui se compose principalement de recettes, était sans doute considéré comme classique, car il y a sur les marges un grand nombre d'additions, d'une très belle écriture, faites à une époque déjà ancienne.

Ce manuscrit, de 211 feuillets, est daté du xiie ou xiiie siècle.
Cat. man. arabes, de la Bibl. nat., n° 2812 (Supplément 997 *bis*).
Ce manuscrit, dit Clément Mullet, n'est pas entièrement consacré à l'étude des maladies des animaux. Il traite aussi d'hygiène, de l'alimentation, de la disposition à donner aux écuries, etc., etc. On y trouve des citations des vétérinaires de l'Inde, de la Perse, de l'Irak, de l'Arménie.

Treizième siècle.

54°. — MOHAMMED BEN RIDVAN.

Mort en 1258. (De Hammer-Purgstall.)

55°. — ABOU BEKR IBN BEDR.

Abou Bekr, fils de Bedr, était écuyer et vétérinaire des écuries de *Moham-med el-Nacer, ibn Kalaoûm*, un des plus grands sultans d'Egypte, en même temps qu'un des plus habiles hippologues, un des plus enthousiastes amateurs de chevaux. Ses haras, ses hippodromes, ses écuries sont justement restés célèbres, et son règne fut l'époque la plus remarquable dans les fastes équestres de l'Orient.

Abou Bekr fut à la hauteur de sa mission, si l'on en juge par un Traité d'hippologie et d'hippiatrique arabes qu'il dédia, sous le nom de *El Naceri*, au sultan *El Nacer*. C'est l'œuvre la plus remarquable pour l'époque, celle qui mérite le mieux d'être mentionnée pendant cette période du moyen âge, si peu féconde en travaux vétérinaires

D'après Perron, le traducteur du *Naceri*, « ce Traité d'hippologie et d'hip-
« piatrie date d'une époque où les connaissances et les pratiques hippiques
« étaient à un haut degré de développement, et représente, par conséquent,
« la science hippique des Arabes au moment où elle a eu le plus de pratique,
« de relief et d'éclat ».

En effet, ce livre, ainsi que l'annonce Abou Bekr, renferme : « les prin-
« cipes utiles et spéciaux à la science chevaline et à l'acquisition de cette
« science, à la science des maladies et des lésions pathologiques des chevaux,
« à la connaissance de l'âge des chevaux depuis la première jeunesse jus-
« qu'à la vieillesse; ce qui concerne la pratique chirurgicale vétérinaire; ce
« que cavaliers et écuyers doivent posséder en science hippique et en faculté
« d'appréciation des chevaux de race et d'autres ». (Perron, t. II, p. IV.)

Nous ne saurions mieux en démontrer la valeur qu'en reproduisant *in extenso* une partie de la préface d'Abou Bekr. (Perron, t. II, p. 3.)

« Lorsque je vis que les vétérinaires, et les médecins, et les zourâtikah ou
« dresseurs de chevaux, et les philosophes, et les savants, tels que, dans
« l'antiquité, Aristoûtâlis (Aristote), Hermès, Djaléinous (Galien), Boukrât
« (Hippocrate), et, dans les âges modernes, Abou Youcef, et Mohammed ibn
« Akî Hizam le Djébélide, avaient écrit sur la science vétérinaire ou science
« du maréchal-hippiatre, sur l'art de soigner, dresser et manier les chevaux,
« sur la thérapeutique vétérinaire, mais que toutes ces œuvres du passé ne
« donnaient que peu ou point de lumières sur un bon nombre de questions
« relatives à l'étiologie et à la séméiologie des maladies, aux variétés de
« pelages ou robes, aux taches ou couleurs en opposition avec la couleur
« dominante du cheval, à la thérapeutique rationnelle et expérimentale, aux

« avantages à espérer des médications, ne retraçaient qu'une nosologie
« incomplète, ne distinguaient pas les causes et circonstances nuisibles ou
« pernicieuses des circonstances et causes louables et favorables, ne signa-
« laient pas toutes les couleurs du pelage des mulets et mules, les incidences
« contrastantes ou taches de ces pelages, ne décrivaient pas exactement les
« qualités et les caractères auxquels on reconnaît les chevaux de race supé-
« rieure, n'indiquaient pas toutes les formes des fers, des clous, les règles
« et principes de la ferrure, ne dessinaient pas les traits des maladies aux-
« quelles sont sujets les chevaux et leurs produits, — je me suis décidé à
« réunir, pour la bibliothèque du Prince, les matériaux d'un Traité complet,
« pratique, qui à tout individu désireux d'apprendre offrît la science vétéri-
« naire, l'art d'élever et de dresser les chevaux, de les monter et de les
« gouverner, l'art de l'écuyer.

« Je n'ai rien omis ou négligé pour atteindre à mon but. J'ai rassemblé
« dans ce travail les données acquises dans le domaine des observations de
« premier ordre, dans les sciences, dans la thérapeutique, toutes choses que
« n'avaient point assez précisées la plupart des hommes d'étude et de
« savoir..... Les secrets (c'est-à-dire les pratiques ou observations person-
« nelles et particulières) des vétérinaires, des dresseurs de chevaux, des
« maquignons ou nakkâs, des écuyers, j'ai eu soin de les signaler, de les
« préciser, de les faire connaître, de les mettre en lumière.

« Sans avoir aucunement la prétention de me placer au même degré de
« science, d'intelligence, de sagacité que les hommes éminents dont je
« parlais tout à l'heure, j'ai traité des questions qu'ils ont examinées et
« posées, des applications que, sur la parole et l'autorité de ces savants,
« on a admises et expérimentées. J'ai consigné ici nombre d'observations et
« de faits que j'ai recueillis des vétérinaires, des dresseurs de chevaux, ou
« que j'ai reçus de mon père *Bedr-el-Din*, Dieu l'ait en grâce ! ou de praticiens
« en Egypte et en Syrie, observations et faits transmis par la bouche
« d'hommes de conscience et de bonne foi, ou vus et remarqués directement
« ou consacrés par la pratique opératoire chirurgicale. »

Tout en rendant justice à la sagacité, à la science de ses devanciers, avec
une rare modestie, Abou Bekr leur a peu emprunté. Les citations, les observations, dues à Abou Youcef, à Mohammed ibn Aki Hizâm le Djébélide, à
Armen, à Mahmoud, à Doréib, à son père Bedr-el-Din, sont relativement peu
nombreuses, par rapport aux faits personnels, à l'immense quantité de
matériaux accumulés avec un ordre parfait dans ce Traité d'hippiatrie, qui,
d'après Perron, « est l'ouvrage le mieux coordonné, le plus complet que l'on
« ait aujourd'hui des Arabes ».

Abou Bekr a-t-il eu connaissance des hippiatriques grecques ? Rien ne nous
autorise à l'admettre. Bien que les Arabes, dans leur zèle d'étude, dans leur

soif d'apprendre, aient fait traduire de nombreux ouvrages grecs; bien qu'Abou Bekr cite dans sa préface Aristote, Galien, Hippocrate, il est probable que les hippiatriques ont échappé à leurs investigations. Dans le *Naceri*, l'ordre des matières, la coordination des sujets, la description des maladies n'offrent aucune ressemblance avec les sujets traités dans l'hippiatrique. Rares seraient à citer les points de rapprochement entre ces deux ouvrages et nombreuses sont, dans le *Naceri*, les maladies dont les Grecs n'ont pas fait mention. Si Abou Bekr cite à plusieurs reprises, une quinzaine de fois environ, les observations des anciens hippiatres, des livres d'hippiatrie, ces citations se rapportent bien certainement à des faits moins éloignés et constatés par des prédécesseurs, dont il a peut-être ignoré les noms, et, dont il ne connaissait les opinions que par la tradition.

Il n'a certainement pas eu connaissance des œuvres de Végèce, Columelle, Albert le Grand, Ruffus, Rusius, etc., qui, du reste, lui étaient inférieures à tous les points de vue.

Abou-Bekr semble avoir tenu beaucoup compte de l'opinion de ses contemporains, car, dans le cours de son travail, nous rencontrerons souvent ces phrases : « Un personnage de distinction m'a dit..... — J'ai vu des hippiatres qui..... — Des vétérinaires expérimentés m'ont affirmé.... », preuve qu'il était doué d'un grand talent d'observation.

Son travail est divisé en deux grandes sections, comprenant neuf expositions ou subdivisions, soit en tout cent trois chapitres.

Première division. — C'est l'hippologie proprement dite; tandis que la deuxième pourrait s'intituler pathologie vétérinaire. Elle comprend quatre expositions :

1re *Exposition*. — Chapitre 1er. — Éloge du cheval.

Chapitre II. — Énumération des races chevalines (dix races citées).

Chapitre III. — Analogies entre le cheval et l'homme.

Chapitre IV. — Différences entre le cheval et l'homme.

Chapitre V. — Reproduction de l'espèce chevaline. Choix des reproducteurs.

Chapitre VI. — Durée de la vie du cheval. Connaissance de l'âge. Ruse des maquignons.

Chapitre VII. — De la saignée et de son manuel opératoire.

Chapitres VIII et IX. — Des os et des articulations.

Chapitre X. — Instincts et penchants vicieux. Moyens d'y remédier.

Chapitre XI. — Du cheval de course. Appréciation de ses qualités. Pur sang.

2ᵉ Exposition. — Chapitres ı⁰ʳ à x. — Comprennent l'énumération de toutes les variétés de robes du cheval, du mulet et de l'âne.

3ᵉ Exposition. — Chapitres ı⁰ʳ et II. — Des qualités et défectuosités des chevaux.

4ᵉ Exposition. — Cette quatrième partie, comprenant douze chapitres, traite des caractères qui permettent de reconnaître un cheval bien constitué. C'est le guide de l'acheteur du cheval. Toutes les défectuosités des régions y sont passées en revue, de la tête aux sabots.

DEUXIÈME DIVISION. — *6ᵉ, 7ᵉ et 8ᵉ Expositions.* — Saignée. Règles de conduite des vétérinaires. Pathologie du cheval. Ces subdivisions, réunies en une seule, comprennent trente-quatre chapitres où sont traitées deux cent dix maladies du cheval, classées par organes et par régions. Comme plusieurs de ces maladies font double emploi, le chiffre en est beaucoup moins élevé qu'il ne paraît. Néanmoins leur nombre est de beaucoup supérieur à celui des affections décrites par les vétérinaires grecs et latins. Nous ne pouvons en donner ici l'énumération même succincte; aussi renvoyons-nous, pour plus de détails, au chapitre *Pathologie*, où elles seront toutes décrites avec le plus grand soin.

9e Exposition. — C'est un véritable Traité de matière médicale réparti en douze chapitres. Il est question de la composition et des propriétés des astringents, purgatifs, collyres, onguents, douches, emplâtres, pommades, liniments, etc., etc. Abou-Bekr parle aussi d'incantations, de formules magiques, de sétons et de cautérisations, dont il reproduit les figures principales.

Exposition complémentaire. — Cette dernière exposition n'est pas d'Abou-Bekr. Elle est tirée du *Kitâb el-Akouâl el-Kâfiah Wa el-Fouçoûl el Châfiah*, dont l'auteur est inconnu.

Les cinq chapitres qu'elle comprend ont pour objet l'étude de l'élevage e des maladies des mulets, ânes, chameaux, éléphants, bovidés, ovidés. Malheureusement la plupart de ces chapitres sont fort écourtés, notamment ceux qui traitent de la pathologie de ces animaux.

IMPRIMÉS.

Le *Nâceri* — « La Perfection des deux arts ou Traité complet d'hippologie et d'hippiatrie arabes. » Traduit de l'arabe d'Abou Bekr ibn Bedr par Perron. Paris, veuve Bouchard-Huzard, 1852-1860, 3 vol. in-8°.

MANUSCRITS

1° N° 2813. — *Le Mal mis à découvert, Traité des maladies des chevaux.* Ce titre, que l'auteur lui-même avait donné à son ouvrage, a été remplacé plus tard par celui de « *Le Complet en ce qui regarde les deux arts* » et, plus communément, par celui de *Nâceri*, parce que l'auteur, Abou Bekr ibn Bedr, l'avait dédié au sultan d'Égypte et de Syrie, Mélik Nacir Mohammed ben Qalaouni.

Ce manuscrit, de 151 feuillets, date de l'an 875 de l'hégire (1471 de notre ère). Cat. des man. arabes, Bibl. nat., Paris, n° 2813 (Supplément n° 994).

2° N° 2814. — Même ouvrage, daté de l'an 1077 de l'hégire (1666 de J.-C.). 229 feuillets.

Cat. des man. de la Bibl. nat. Paris, n. 2814. (Supplément n° 995, ancien fonds n° 1095.)

Ce manuscrit est peut-être celui qui a servi à l'édition imprimée du *Nâceri*. Les lignes suivantes qui terminent l'œuvre d'Abou Bekr, semblent l'indiquer (t. III, p. 346) :

« A été terminée la copie manuscrite de ce livre béni, le jeudi béni, 9 du mois de Raby premier, l'an 1077 de l'hégire (1666-1667 de l'ère chrétienne), par la main de l'écrivain copiste, le plus humble des serviteurs de Dieu, le plus besoigneux quant aux dons de son Seigneur du ciel, par la main de *Iça*, fils de *Iça*, fils d'Ahmed, fils de Mohammed le safti ou du pays de Safat, le mâlekite de rite...

Que Dieu lui fasse miséricorde, à lui, à son père et à sa mère, à ses frères, à ses proches, à quiconque jettera les yeux sur ce livre, à quiconque le possédera et lui souhaitera succès. Amen ».

3° N° 1156. — Manuscrit in-fol., de 123 feuillets, très bien écrit, comprenant : 1° un Traité médical, — 2° le Traité vétérinaire d'Abou Bekr al-Baitar, traduit du persique en langue arabe. Ce manuscrit a pour titre : *Kitab al Baitarah*. Add. N° 14056.

Catalogus Codicum manuscriptorum orientalium qui in Museo Britannico asservantur. (London 1871.)

4° N° 1494. — Manuscrit in-4° de 161 feuillets. Traité d'hippiatrie de *Badr-al-Din*, intitulé *Kâmil al-Sina'atain* et dédié au roi Al Malik al-Nàsir Nàsir al-din Mohammad, fils du sultan Saif al-Dunya wa'l-din Calaùn.
Add. 19448. Catalogus Codicum manuscriptorum orientalium qui in Museo Britannico asservantur (t. III, p. 460, London 1871).

56°. — TRAITÉ D'HIPPIATRIQUE.

Pas de titre, pas de nom d'auteur. Il s'agit seulement d'un manuscrit arabe acéphale, traitant d'hippiatrie et d'hippologie que M. Perron, traducteur du *Nâceri*, devait à l'obligeance de M. Caussin de Perceval, professeur d'arabe au Collège de France. L'âge de ce manuscrit, auquel manquent les trois premières pages, est indiqué par la note ci-dessous, placée par le copiste à la fin du volume.

« La copie du manuscrit original a été terminée dans la ville du salut, Bagdad, « que Dieu la protège! pendant le courant du mois de Ramadân de l'année 605 de « l'hégire (1208-1209 de J.-C.); et moi, j'ai achevé cette copie-ci à la fin du mois « de Djoumâda el-awel de l'année 1114. » (1702-1703 de J.-C.) (Perron, t. II, p. vi.)

57°. — SCHARAF AL-DÌN ABD AL-MOUMIN AL DIMYÂTI.

Auteur d'un Traité : *De l'excellence de la race chevaline*. Mort en 705 de l'hégire (1305-1306 de J.-C.). L'auteur a classé toutes les traditions dans lesquelles Mahomet a fait mention des chevaux.

N° 2816. — Cet ouvrage manuscrit se compose de huit chapitres :

1° Sur le mérite des chevaux employés dans la guerre sainte;
2° Sur la défense touchant la castration des chevaux;
3° Choix des chevaux et couleur qu'on doit préférer;
4° Qu'il faut se méfier des marques de mauvais augure;
5° Sur la défense de concourir pour des prix, si ce n'est avec des chevaux et chameaux;
6° Sur le butin qui revient au cavalier;
7° Sur l'exemption de l'impôt dont jouissent les chevaux des Musulmans;
8° Sur les noms particuliers des chevaux qui appartiennent à Mahomet.
Ce manuscrit, de 93 feuillets, est daté de l'an 850 de l'hégire (1446-1447 de Jésus-Christ). Catalogue des manuscrits arabes de la Bibliothèque nationale, n° 2816 (supplément 992).

Quatorzième siècle.

58°. — ABOU MOHAMAD ABDALLA LAKHAMITA, de Cordoue.

Auteur d'un Traité d'hippologie qu'il dédia à Ab Adalla Mohammed Ben

Nasser Almanzor, roi, en 701 de l'hégire (1301 de J.-C.). Ce Traité est divisé en quatre parties, comprenant en tout 68 chapitres et 200 feuillets. Il en existe un manuscrit dans la Bibliothèque de l'Escurial, n° 897. *Casiri*. Bibl. arabico hispano-escurialensis. Matriti, 1760.

59°. — SCHEMS ED-DIN MOHAMMED BEN ABI BEKR BEN QUAÏM EL-DJAUZIET.

Auteur d'un Traité d'équitation : *El Forusiyet El-Mohammediyet*. Mort en 1350 de J.-C. *Hadji Khalfa*, t. IV, n° 9032. (Clément Mullet, t. II, p. IX.)

60°. — TACKI-ED-DIN ALI BEN ABD-ED-KAFI SOBKI.

Mort en l'an 756 de l'hégire (16 juin 1355). Cité comme auteur d'un ouvrage vétérinaire (*Ilm Beitaret*) ou plutôt d'un ouvrage de jurisprudence vétérinaire par Hadj Khalfa, t. II, n°s 2030-2031.

61°. — SCHEIKHO KEMAL EL-DINO MOHAMMED BEN ISA EL DEMIRI.

Demiri ou Dâmîrî, qui mourut vers l'année 808 de l'hégire (1405-1406), avait écrit un Traité sur la vie des animaux, *Kitâb haïat el-haïouân*, espèce de zoologie qui jouissait, en Orient, d'une grande réputation. Bien que ce livre fourmille d'anecdotes, de légendes, de puérilités, il n'en est pas moins fort important, en ce sens qu'il synthétise l'histoire naturelle, fort peu connue des Arabes à cette époque.

Peu de choses au point de vue vétérinaire. On y trouve cependant quelques considérations sur les chameaux, bêtes bovines, ovines, caprines, éléphants, caractères zoologiques, élevage, races, chair de ces animaux et son utilisation. C'est Demiri qui rapporte le fait de Jésus délivrant par ses prières une vache, fait cité par Perron (*Nâceri*, t. III, p. 425).

Manuscrit in-fol., papier, écrit en Égypte en 1110 (1698 de notre ère), additions en marge d'une autre main, titres des chapitres en rouge.
Se trouve à la bibliothèque de l'Université d'Upsal.
Tornberg. Codices arabici bibl. reg. univ. upsaliensis, 1849.
On trouve des extraits imprimés de ce travail dans le *Nâceri* d'Abou Bekr t. III, p. 425).

62°. — LE KITÂB EL-AKOUÀL EL-KÂFIAH WA EL-FOUÇOÛL EL-CHAFIÂH,

ou Livre des dissertations suffisantes et des sections satisfaisantes, sans nom d'auteur serait, paraît-il, l'œuvre d'un riche personnage, probablement prince et gouverneur de l'Yémen, amateur de chevaux. On pense même qu'il était de la famille régnante et qu'il vivait vers le commencement du VIII° siècle de l'hégire (1327 à 1328 de J.-C.). Le *Kitâb el-Akouâl* mentionne, en effet, une épizootie désastreuse qui éclata sur les chevaux de l'Yémen, vers cette époque.

Ce manuscrit, traduit en partie par Perron à la fin du troisième volume du *Nâceri* (Exposition complémentaire, t. III, p. 149), est divisé en six parties dans lesquelles il est traité de la production et de l'élevage des animaux domestiques. Outre des notions d'hygiène, de zoologie, de zootechnie sur les mulets, ânes, chameaux, éléphants, buffles, bœufs, moutons, ce livre renferme des renseignements sommaires, mais précieux, sur la pathologie des animaux, notamment sur celle des chameaux et des éléphants. Nous aurons, du reste, l'occasion d'en parler plus longuement à propos de la pathologie de ces animaux.

1° N° 2820. — Il existe un manuscrit arabe de ce traité à la Bibliothèque nationale sous le n° 2820 (906 du supplément arabe; Saint-Germain, 210 bis). La copie de ce travail, composé de 94 pages d'une écriture serrée, fut terminée le 11 ou 12 juin 1582 de notre ère.

Il a été imprimé à la suite du *Nâceri* d'Abou Bekr (t. III, p. 349).

2° N° 2821. — Manuscrit du xviiie siècle, papier, 14 feuillets. Bibliothèque nationale, n° 2821 (supplément, n° 2498).

63°. — Abou Bekr Ben Yousef Ben Abi Bekr Ben Hassen
Ben Mohammed El Cassem.

Il existe de lui, au supplément arabe de la Bibliothèque nationale, n° 987, un Traité d'aviceptologie (daté de l'an 1444 de Jésus-Christ); il contient 188 feuillets et porte le titre de : *Kitab Eddjaouarih oua ouloum el Bezarda* (Livre des oiseaux de proie et science des fauconniers).

La deuxième partie est le traitement de ces animaux.

Il cite fréquemment Erra 'thriq.

Cet Erra 'thriq est également cité dans un ouvrage du même genre qui existe au Musée britannique, n° 1367, et qui est donné, par le catalogue, comme identique au n° 898 de l'Escurial. Man. Bibl. nat., n° 2831 (supplément, n° 987).

64°. — Ebn El Khatib.

Mohammed ben Addallah ben Saïd Lessan eddin ebn el Khatib (Espagne), naquit à Grenade en 1313 et mourut en 1374. Il devint secrétaire intime du roi de Grenade. Il étudia la philosophie, les mathématiques, la médecine, la jurisprudence, etc. Il excella dans toutes ces sciences. Il écrivit une quarantaine d'ouvrages, parmi lesquels on trouve un Traité sur la médecine vétérinaire et l'excellence des chevaux (Leclerc).

Quinzième, seizième et dix-septième siècles.

65°. — Traité d'hippiatrique.

Traité sur la manière d'élever les chevaux, de les dresser et de les soigner en cas de maladies. Titre et nom d'auteur inconnus. Cet ouvrage, dont les premier et dernier feuillets manquent, commence par un chapitre sur la guerre sainte, suivi de fragments de poèmes à la louange du cheval, ainsi que d'observations sur la manière de reconnaître ses qualités. Plusieurs chapitres sont consacrés à des instructions aux cavaliers appelés à dresser les chevaux, à des observations sur la propagation de l'espèce, la ferrure, les défauts, vices et maladies et les remèdes qui leur sont appliqués. Ce manuscrit, de 145 feuillets, est daté du xve siècle. Cat. des manus. arabes, de la Bibl. nat., n° 2815 (supplément, n° 995).

66°

Traité vétérinaire incomplet, 86 feuillets, dont manquent les premiers. Manuscrit du xvi° siècle. Cat. des manus. arabes de la Bibl. nat., n° 2818 (supplément, n° 997; Saint-Germain, n° 210 *ter*).

67°

Seconde partie d'un Traité sur le dressage des chevaux, renfermant un grand nombre de dessins, dont quelques-uns représentent des éperons. 243 feuillets. Manuscrit de deux mains différentes du xvi° siècle. Cat. des manus. arabes de la Bibl. nat., n° 2819 (ancien fonds, n° 1578).

68°

Traité d'hippiatrique fondé sur les pratiques de *Qambar*, esclave d'Ali, fils d'Aboû Tâlib. Manuscrit du xvii° siècle. Cat. des manus. arabes de la Bibl. nat., n° 2811 (supplément, n° 1900).

69°

Traité d'agriculture, sans titre, ni nom d'auteur, divisé en neuf chapitres. Rien au point de vue qui nous intéresse. Manuscrit, papier, 122 feuillets, daté de l'an 1057 de l'hégire (1647 de Jésus-Christ). Cat. manus. arabes de la Bibl. nat., n° 2809 (supplément, n° 884; Saint-Germain, n° 403).

70°

Traité sur les maladies des chevaux et des ânes. Manuscrit acéphale et incomplet à la fin, renfermant les chapitres iii à xxv d'un ouvrage qui paraît très utile pour cette partie spéciale de la lexicographie arabe. L'auteur cite à plusieurs reprises, comme autorité, un certain *El-Abbâsî*, qui nous est totalement inconnu. Papier, 67 feuillets. Manuscrit du xvii° siècle. Cat. manus. arabes de la Bibl. nat., n° 2822 (supplément, n° 2088).

71°

(Cod. 1184 [1]. Warm.)

Traité d'agriculture d'un auteur inconnu. Manuscrit du xvii° siècle, écrit par *Sjahîn Candi*. 62 feuillets, grand format.

72°

N° 105. — Manuscrit vétérinaire contenant 63 chapitres, tirés d'Aristote, relatifs à la médecine des animaux.
D᠎ʳ Wilhelm Pertsch. Die Türkischen Handschriften der Herzoglichen Bibliotheck zu Gotha (Wien, 1865).

73°

N° 107. — Feuilles 1 *bis* à 7 *a*; manuscrit hippiatrique.
D᠎ʳ Wilhelm Pertsch, Bibl. zu Gotha.

74°

N° 127. — Traité d'hippiatrique tiré d'Aristote, suivi d'une relation d'une épidémie de chevaux. Ce manuscrit, de 54 feuillets, est inscrit sous les n°ˢ 112, 272, 2684. Il est écrit en naschi. Bien qu'il ne soit pas daté, on le croit antérieur à 1600.
W. Pertsch, Hands. zu Gotha.

75°

N° 128. — Même que le précédent. La fin manque. 34 feuillets. Bon Nâschi.

76°

N° 129. — Fragment d'hippiatrique, sans commencement ni fin. 8 feuillets à 15 lignes par page. Diwànî naschisi, très difficile à lire.
W. Pertsch, **Hands. zu Gotha.**

77°. — RESALA FI TEBB EL KHÉLE.

Traité sur la médecine des chevaux. Manuscrit anonyme de 50 feuillets, copie probable d'un auteur plus ancien, daté de l'an 1210 de l'hégire. Offert à titre de don pieux à l'Université d'El-Azhar.
Bibliothèque khédiviale, Caire, section de médecine, n" 48 (10).

78°

Fort volume manuscrit contenant deux ouvrages acéphales et anonymes, de 202 feuillets, sur la médecine des animaux, l'abatage, etc., avec d'assez jolies enluminures. Le Dr Vallers en a dit quelques mots dans *Zeitschrift der deutschen Morgenländischen Gesellschaft*, 1890, vol. XLIV, p. 388.
Bibliothèque khédiviale, Caire, médecine, n° 48.

Époques indéterminées.

79°. — HONEIN BEN FIHERI.

Le premier ouvrage écrit sur la vétérinaire, qui dispense de tous les autres, ainsi qu'il est mentionné dans la grande encyclopédie de Taschkeuprizadé. Hadji Khalfa n'en parle pas (de Hammer-Purgstall).

80°. — KOSTUS OU KASTOS.

Bien que Grec, il doit trouver place ici, en raison des nombreuses traductions dont son Traité d'agriculture aurait été l'objet. Le *Kitab al felahah arroumiah* a été, en effet, plusieurs fois traduit en arabe :

1° Par Sergius, fils d'Hélias ar-Roumi ;
2° Par Kosta-ben-Luca de Balbek ;
3° Par Eustache et Abou-Zakaria-ben Abi,
et en persan, sous le titre de *Bourz nameh.*

Quel est cet écrivain, cité huit fois par Ibn al Awam, relativement à la médecine vétérinaire? Meyer (t. III, p. 253) croit y voir une abréviation de Cassius Dyonisius. (Clément Mullet, t. I, p. 71) — Hadji-Khalfa, t. V, n° 10377 — Herbelot (Bibl. orient., p. 975).

---

(10) Je dois ces indications à mon collègue et ami M. Piot bey, vétérinaire en chef des domaines de l'État, au Caire.

81°. — ALKOUA LKAFIA LFOFOUL LESSCHAFIE.

Auteur inconnu. Montfaucon (t. II, p. 1042) a signalé un manuscrit
de cet auteur : *Sermones de capitulis sanitatis equorum, mulorum, camelorum.*
trouvé dans Bibl. coisliana monasterii Sancti-Germani.

82°. — VÉLI EDDIN EL IRAKI.

Traité sur l'excellence des chevaux. Cat. des man. arabes. Bibl. nat.,
n° 1943. N° 1532 du supplément.

83°. — ABOU FOUARIS BEN MONQAD.

Livre pour la bonne tenue du cavalier.

84°. — AMROU'L-KAÏS.

Livre de l'art de dresser les chevaux.

85°. — ZAÏN ED-DIN D'ANDALOUSIE.

Livre de l'art de dresser les chevaux. Ces trois auteurs arabes sont
signalés comme ayant écrit des livres d'hippologie par de Hammer.

De Hammer. *Encyclopaedische Uebersicht der Wissenschaften des Orients*, Leipzig,
1804. Clément Mullet (t. II, 2° part., p. IX).

86°. — EL-CANUN EL-WADHIH.

Auteur d'un Traité sur la fauconnerie, *ilm-el-beizaret.* Cité par Hadji
Khalfa (t. II, n° 2028).

87°

Livre de médecine vétérinaire utile pour les animaux malades. Manuscrit
incomplet. N° 997 du supplément arabe de la Bibl. nat., cité par Clément Mullet
(t. II, p. VII).

88°

Traité de l'équitation et des chevaux en général.
Bibl. nat.. cat. des manus. arabes ; fonds Saint-Germain ; n° 210, n° 996 du
supplément arabe.

89°

Traité de médecine où il est probablement question de chevaux.
Le commencement et la fin du manuscrit manquent.
Cat. des manus. arabes de la Bibl. nat., n° 997 (2), supplément des manus.
arabes.

90°

Manuscrit persan, n° XXXIV (n° 26 in-8°), manuscrit in-8° de 42 feuillets,
caractères *ta'liq.* Il traite de médecine vétérinaire et a pour titre : *Fârsnâmeh.*
L'auteur est inconnu. On croit que cette œuvre est une traduction en langue
persique d'un ouvrage sanscrit. Ce manuscrit est divisé en deux parties ; la

première, de 12 chapitres, traite des qualités des chevaux, et la seconde, de 38 chapitres, de leurs maladies (p. 18 à 42).

Cat. Codices orientales Bibl. regiæ Hafniensis, Copenhague, 1857, in-8, p. 17.

91°

Manuscrit in-4° de 60 feuillets. Il y est dit qu'Aristote aurait composé ce Traité sur l'ordre d'Alexandre le Grand, au moment où, dans une expédition guerrière, une épidémie sévissait sur les chevaux de l'armée.

Ce manuscrit donne, au feuillet 3, la description du bon cheval; ensuite, du feuillet 8 *v* à 52 *v*, il est question de vingt-sept maladies du cheval. Les feuilles 52 à 56 contiennent des prières écrites en langues arabe et turque. Les feuillets suivants sont remplis de notes éparses de moindre valeur.

Codices orientales Bibl. regiæ hafniensis, Hafniæ, 1857, p. 54.

92°

N° 441. — Manuscrit in-4°, de 75 feuillets, en deux parties.

La première comprend un Traité d'hippiatrique anonyme; la deuxième, un Traité d'équitation de Taki al-Din al-Kirmâni.

Ce Traité a pour titre : *Al-Muntaka* (Add. 7513, Rich.) *Catalogus codicum manuscriptorum orientalium qui in Museo Britannico asservantur* (t. II, p. 216 London, 1871).

93°

Traité des maladies des faucons et des chiens de chasse, attribué à un philosophe grec, Capadanios.

Manuscrits de 60 feuillets, daté de l'an 923 de l'hégire (1517 de Jésus-Christ). Cat. des manus. arabes de la Bibl. nat., n° 2832 (supplément, n° 986).

94°

N° 1366. — Manuscrit, in-4°, de 218 feuillets, renfermant plusieurs ouvrages. Il paraît avoir été écrit en 1240 :

1° Un Traité vétérinaire d'un auteur inconnu, en 90 chapitres, où il est question, non seulement des chevaux et de leurs maladies, mais encore des autres animaux domestiques tels que oies, mulets, chameaux, bœufs, moutons ;

2° Un autre Traité vétérinaire, de 80 chapitres, commençant au feuillet 115 du manuscrit et se terminant au feuillet 174 ;

3° Enfin un Traité de pathologie humaine de Abd-Al-Rahman ibn Nasr Al-Schirazi. (Add. 23415).

Catalogus codicum manuscriptorum orientalium qui in Museo Britannico asservantur (t. III, p. 634, London, 1871).

95°. — Traité d'hippologie.

Manuscrit du xixe siècle.

Manus. Bibl. nat., n° 2830 (supplément, n° 2499).

96°

Traité d'hippologie et d'hippiatrique.

Cat. manus. arabes Bibl. nat., n° 4937 (supplément, n° 2782).

97°

Traité d'hippologie et d'équitation et d'art militaire. C'est une autre rédaction de l'ouvrage contenu dans le manuscrit 2815 (supplément, n° 2862).
Cat. manus. arabes Bibl. nat., n" 5017.

98°

Traité de fauconnerie. Copie inachevée. Commencement manque.
Cat. manus. arabes Bibl. nat., n° 5029.

99°

Mon compatriote et ami, Charles Piat, chef du service topographique de la régence de Tunis, a fait faire pour moi des recherches dans la Bibliothèque de la grande mosquée de Tunis. Il en résulte qu'il n'y a pas de Traités vétérinaires proprement dits, mais on y trouve plusieurs manuscrits relatifs à l'hippologie qui doivent, bien certainement, contenir des conseils sur les soins à donner aux chevaux en cas de maladies.

100°

Traité d'agriculture d'Abou Abdallah Mahommed ibn Hosaïn. On a fait relier, en tête de cet ouvrage, la notice, par Cherbonneaux, d'Abou l'Khair al Ischbâlî et d'Aboû l'Abbas ibn Banna.
Manus. Bibl. nat., n" 4764 (supplément, n° 2609).

101°

1° Traité d'agriculture. C'est, paraît-il, un abrégé d'Abou Omar Ahmad ibn Mohammad ibn Hadjâdj.
2" Autre Traité d'agriculture. Le premier feuillet manque.
Manus. Bibl. nat., n° 5013 (supplément, n° 2858).

102°. — EBN SSAKAR.

Fils de Ibn Amru Ben Maan Ben Saïdet esch-Scheibanis, aurait écrit un Traité de fauconnerie (de Hammer-Purgstall, *Falknerklee*, Pesth, 1840, in-8°).

III

Pathologie.

A. — Pathologie du Cheval.

Bien qu'il existe de nombreux manuscrits arabes relatifs à l'équitation, à l'élevage et aux soins à donner aux animaux, notamment aux chevaux, nous n'avons pu prendre connaissance que du *Nâcérî* d'Abou Bekr et du *Traité d'Agriculture* d'Ibn-al-Awam qui seuls, jusqu'à présent, ont été imprimés et traduits en langue française.

Ces deux Traités ne parlent que du cheval; les préceptes relatifs aux maladies de l'âne et du mulet d'Ibn-al-Awam n'étant qu'une reproduction de ceux d'Aristote.

Cependant, dans le *Kitâb-el-Akouâl*, etc., etc., exposition complémentaire qui fait suite au *Nâcérî*, t. III, p. 349, on trouve quelques indications relatives à l'élevage et aux soins à donner aux mulets et aux ânes. Les maladies n'y sont indiquées que par ces mots :

« Les ânes et les mulets sont exposés aux mêmes maladies, défauts, défec-« tuosités naturelles ou accidentelles que les chevaux, etc. » (11).

PATHOLOGIE INTERNE

I

Maladies de l'appareil digestif.

A. — Bouche.

1°. — STOMATITE

Soulâk. — Tâbek. — Harârah. — A. (12) VI, 83-87. — I. (13) 125-127 : — Ces diverses dénominations servent à désigner l'inflammation de la muqueuse

---

(11) J'adresse ici mes plus vifs remerciements à mon collègue et ami Leclainche, professeur à l'école vétérinaire de Toulouse, qui a bien voulu se charger de reviser les interprétations que j'ai données des maladies décrites par les Arabes. La concordance, presque complète entre mes interprétations et les siennes, est, je crois, une garantie de leur exactitude.

(12) A. — Abou Bekr ibn Bedr : *le Nâcérî. La Perfection des deux arts.* Traité complet d'Hippologie et d'Hippiatrie arabes, traduit par Perron. (Le tome III traite spécialement des maladies du cheval): Paris, Vᵉ Bouchard-Huzard. 1860, 3 vol. in-8.

(13) I. — Ibn-al-Avam (Kitab-al-felalah). *Traité d'Agriculture,* traduit par Clément Mullet. (Le tome II, 2° partie, est consacré à l'étude des maladies des animaux domestiques) Paris. Franck, 1866.

buccale. En en distinguant plusieurs sortes, les Arabes ont sans doute confondu des degrés divers de cette altération. Peut-être ont-ils voulu parler aussi de la stomatite aphteuse et surtout du horse-pox. Ibn-al-Awam semble même décrire une stomatite érysipélateuse déterminée par l'ingestion de fourrages verts mouillés.

2°. — PALATITE

Waram el-lahât. — *Hanak.* — A. VI, 84-88. — I, 134 : — Abou Bekr, comme traitement, préconise la saignée au palais, et fait la même recommandation que les hippiâtres grecs relativement au lieu d'élection entre le troisième et le quatrième sillon.

3°. — GINGIVITE

Taakkoul lahm el-asnân. — *Dâ el-doufda.* — *Waram el-litah.* — *Chakk el-lahât.* — A. VI, 84-86 : — Toutes ces expressions désignent plusieurs altérations des gencives; gingivite proprement dite, épithélioma, etc., etc. Le chakk el-lahât caractérise les plaies produites sur les barres par l'action du mors.

4°. — BLESSURES DE LA LANGUE

Kat' el-liçân. — A. VI, 86 : — Traitements variables suivant le plus ou moins de gravité des lésions. Si les plaies sont profondes ou transversales, pratiquer l'ablation de la langue, car la guérison est impossible et la gangrène peut survenir.

5°. — SURDENTS. — MOLAIRES SUPPLÉMENTAIRES

Dirs el-foudoûl. — *Rouâl* ou *Rawâïl.* — A. VI, 85. — I, 128 : — Les Arabes en conseillaient l'extraction au moyen d'un instrument particulier, dont nous donnerons la description au chapitre : Chirurgie.

6°. — IRRÉGULARITÉS DENTAIRES

As-schaghâ. — I. 128 : — Dont Ibn-al-Awam conseille le rabotage après avoir couché le cheval sur le fumier. C'est la première fois que nous trouvons la description de cette opération, ainsi que de toutes celles relatives à l'évulsion des dents.

7°. — CARIE DENTAIRE

Tahrik el-asnân. — A. VI, 85. — I, 126-128 : — L'expression arabe doit être littéralement traduite par « ébranlement des dents », qui peut être le résultat d'un coup violent sur les dents ou de l'accumulation de pus entre les arcades dentaires.

8°. — Pénétration des sangsues dans l'arrière-bouche

A. VI, 86. — I. 133 : — Ouvrir la bouche avec un instrument spécial, sorte de pas-d'âne (Voir : Chirurgie), et retirer les sangsues avec des pinces ou avec les doigts enveloppés de feuilles de figuier, afin d'empêcher le glissement. Pour prévenir ces accidents, conséquence de l'absorption d'eau de mare, les Arabes attachaient une musette à la bouche de leurs chevaux, avant de les faire boire.

B. — Glandes salivaires.

1°. — Inflammation du canal de Wharton

Waram el-laûzateîn. — A. VI, 86. — I. A. 134 : — C'est bien des canaux excréteurs des glandes maxillaires, dont Abou Bekr veut parler, quand il décrit « les amandes, ces deux reliefs charnus, situés sous la langue, et « appelés encore les verseurs de la salive ». Saignées aux veines sub-linguales. Frictions diverses.

C. — Pharynx.

1°. — Pharyngite

Dâ el-kandzir. — *Makânek.* — *Kinâk.* — *Kould.* — *Al-dsoubahah.* — A. VII, 99. — I. 131-132 : — Toutes ces dénominations peuvent également s'appliquer à la pharyngite, aux abcès péripharyngiens, à la laryngite, à la gourme, à la morve même que les Arabes croyaient être la conséquence d'une de ces affections mal soignées. Néanmoins les principaux symptômes mentionnés : gonflement des ganglions de l'auge, déglutition difficile, rejet des boissons par les narines, dyspnée, sont bien ceux de la pharyngite et des abcès péripharyngiens consécutifs. Le traitement consistait dans l'extirpation des glandes dont nous avons déjà décrit le manuel opératoire à propos des vétérinaires grecs.

D. — Estomac.

1°. — Vomissements

Kaï. — A. VII, 101 : — De quelle affection a voulu parler Abou Bekr? Est-ce de la déchirure de l'estomac, du jabot, du volvulus ou de l'angine pharyngée? Vu le laconisme du texte, je ne puis rien préciser. Tout en établissant une différence entre le vomissement proprement dit et le rejet de l'eau ou des boissons par les narines, par suite d'ulcérations dans la gorge ou de la constriction de la bride, il ajoute : « Le vomissement a sa cause la plus ordi-« naire dans un embarras intestinal; par suite, les aliments ne passent pas; « ils pèsent à l'embouchure de l'estomac, qui alors les repousse et les rejette « par la bouche ». Il ne jugeait pas cet accident d'une extrême gravité, car il annonce en avoir observé plusieurs cas suivis de guérison.

E. — Intestins.

1°. — Entérite

Homma. — *Heïdah.* — *Sell.* — *Ishâl.* — A. XXIX, 284. — J. 154 : — Ces expressions se rapportent aux diverses manifestations de l'entérite, dont Abou Bekr donne une bonne description à propos du *hommah.*

« Le cheval a l'air abattu, hébété; les yeux rouges, enflés; tout le corps « d'une chaleur extrême; les lèvres sont pendantes; la langue rude, chaude, « sèche et raboteuse; la tête presque constamment baissée; inappétence. Il « ne peut chasser les mouches qui l'incommodent; il n'a pas la force de se « rouler et de se vautrer par terre. »

Traitements des plus variés.

2°. — Congestion intestinale

Tahrîk. — *Dâ el-bakar.* — A. XIX, 209; XXVIII, 273. — *Al qalaq.* I. 158 : — Les sueurs abondantes, les coliques violentes, sans gonflement du flanc, en un mot tous les symptômes décrits sont bien ceux de la congestion intesti-nale, dont Abou Bekr ne méconnaissait pas la gravité. D'après lui, la mort pouvait survenir dans l'espace de trois jours au plus, souvent même le jour de l'invasion de la maladie. Sous le nom de *dâ-el-bakar* (maladie de bœuf), les Arabes désignaient une affection extrêmement dangereuse, caractérisée par un flux diarrhéique abondant, et qui pouvait aussi bien se rapporter à la congestion intestinale qu'au charbon.

3°. — Invagination. — Volvulus

Taklî. — A. XXVIII, 274 : — Dans cette maladie, dit Abou Bekr, « les « entrailles sont bouchées et tranchées, c'est-à-dire interceptées, et les ali-« ments sortent par le nez ». Il ajoute qu'il n'en parle que pour mémoire, parce qu'elle est beaucoup plus grave que la congestion intestinale et pour ainsi dire incurable.

4° — INDIGESTION INTESTINALE AIGUË

Marl. — Kaûlendj. — El-istiskà el-tabli. — A. XXVII, 266; XXVIII, 274.—
Al-maghal. I, 155, 158, 159 : — Je ne puis que considérer comme diverses
phases de l'indigestion intestinale aiguë ces diverses affections caractérisées
en général par des borborygmes, le ballonnement du flanc, l'extension des
parois abdominales due au développement des gaz. Abou Bekr vante les bons
effets des suppositoires d'asa fœtida.

5°. — HYPERTROPHIE DE L'ANUS. — TUMEURS MÉLANIQUES

Tahdjir. — Ramy-el-dem. — Bawàcir. — A. XIX, 209, 212 : — Sous ces
noms Abou Bekr différencie diverses affections dont il est assez difficile de
préciser la nature.

Le *tahdjir* ou dureté pierreuse de l'anus « se présente sous l'aspect d'un
« gonflement dur, sans écoulement sanguin, sans excoriations. On lui donne
« encore le nom de cancer ». Le *bawàcir* consiste « en reliefs émergeant du
« centre de l'anus, en manière de grappes rouges ». *Ramy-el-dem* (rejet du
sang par l'anus), « conséquence d'ulcérations intestinales ».

A toutes ces affections, les Arabes opposaient de nombreuses médications :
administration de breuvages; d'hémostatiques dans le cas d'ulcérations;
ligature ou excision des tumeurs.

6°. — RENVERSEMENT DU RECTUM

Bouroûz el-sourm. — A. XIX, 209 : — Cette lésion est décrite avec beaucoup moins de soin par les auteurs arabes que par les hippiatres grecs. Abou
Bekr n'avait recours à l'ablation, à l'excision du bourrelet que dans les cas
où la réduction était impossible.

7°. — DÉCHIRURE DU RECTUM, DU PÉRINÉE

Iktilàt. — A. XX, 218 : — Abou Bekr considérait cette tare comme répugnante à cause du liquide repoussant que la jument laissait échapper, quand
elle était montée par un cavalier. Il en attribuait la cause au trop grand
développement du pénis ou à l'étroitesse de la vulve. Le traitement consistait en une espèce de suture entortillée que nous décrirons au chapitre :
Chirurgie.

8°. — ŒSTRIDÉS

Ramy el-doûd (Expulsion de vers par l'anus). — A. XIX, 209; I. 164 : —
Larves de gastrophilus equi.

9°. — HIPPOBOSQUES

Zénâbîr. — A. XIX, 210 : — Ce sont des insectes « rappelant à peu près « les mouches bourdonnantes noirâtres » qui se fixent autour de l'anus, à la partie supérieure du repli sous-caudal. Le garçon du vétérinaire, dit Abou Bekr, doit se graisser la main et la passer sur l'anus, afin d'enlever les mouches qui y sont fixées.

F. — Péritoine.

ASCITE

El-istiskâ el-zikkî. — A. XXVII, 265 :—C'est ainsi que Abou Bekr désigne l'hydropisie passive de l'abdomen, réservant le nom d'*el-istiskâ el-tùblî* au météorisme, à l'indigestion intestinale aiguë. La première dénomination s'applique à toute distension des parois abdominales par l'accumulation de sérosité dans le tissu cellulaire sous-cutané. Comme traitement on avait recours aux évacuants, aux sudorifiques et à la ponction, telle que la pratiquaient les vétérinaires grecs.

II

Maladies de l'appareil urinaire.

1°. — NÉPHRITE AIGUË

Wadj' el-kouliétièn. — A. XXXII, 300; I. 146 : — Est-il ici question de l'hématurie proprement dite ou de la néphrite aiguë avec coloration rouge des urines? Je penche plutôt pour cette dernière hypothèse, car les Arabes en décrivent les symptômes. Le traitement qu'ils indiquent est à peu près le même que celui formulé par les hippiâtres grecs. Abou Bekr insiste surtout sur la cautérisation des reins; vingt-quatre raies, douze de chaque côté. Il prétend même diagnostiquer la néphrite du rein gauche de celle du rein droit, en se basant sur le plus ou moins de gonflement latéral du ventre.

2°. — DYSURIE. — ISCHURIE. — POLYURIE

Osr el-baûl. — *Ousr al-boul* (difficulté d'uriner). — A. XXI, 230. — *Hosr el-baûl.* — *Ahsr al-baûl* (impossibilité d'uriner) : — Malgré tout ce luxe d'expressions, il est assez difficile, pour ne pas dire impossible, de préciser à quel genre d'affections se rapportent ces dénominations qui ne sont que la signification de plusieurs symptômes, fréquents dans les maladies des voies urinaires. Toutefois, Abou Bekr signale ces altérations comme étant le plus souvent la conséquence de calculs rénaux. En général, les auteurs arabes mentionnent comme symptômes principaux : la difficulté plus ou moins prononcée dans la miction, la fréquence des efforts expulsifs et enfin les coliques plus ou moins vives. Traitements variés. Dans le cas de calculs, Abou Bekr conseille d'abattre le cheval et d'injecter dans le pénis une solution composée de musc, de castoréum, d'huile d'olive.

III
Maladies de l'appareil respiratoire.

A. — Fosses nasales.

1°. — Hémorrhagie de la pituitaire

Rouâf. — A. V, 78. — *Ar-rouhâf.* — I. 122, 134: — A pour cause, disent les Arabes, la surabondance du sang (pléthore), les coups portés sur le chanfrein, les perforations de la cloison nasale avec l'alène ou broche turque (saignée). Comme traitement, ils recommandaient l'emploi de divers hémostatiques dont nous parlerons au chapitre : Thérapeutique. Ibn al-Awam croit que l'application d'une ligature à la queue suffit pour arrêter l'hémorrhagie.

2°. — Dartres ou démangeaisons

Al-kikkah. — I, 124 : — Cette affection, qui attaque les narines du cheval et le force à se gratter constamment, est de nature psorique ou eczémateuse. Onctions, sur les parties malades, de soufre, moutarde, sel, huile.

3°. — Tumeurs des fosses nasales

a.) Fibrôme. — *Ankaboûtah.* — A. V, 78. — I, 124-125 : — Caractérisé par la présence dans les narines d'une excroissance de chair, semblable au fruit du mûrier, qui, en obstruant les cavités nasales, gêne considérablement la respiration. Aussi les Arabes en conseillent-ils l'extraction par les cautères.

b.) Angiome ou épithéliome, etc. — *Fayâchah.* — A. V, 79 : — Sous ce nom, Abou Bekr décrit des tumeurs situées à la partie externe des narines, tumeurs rouges, excoriées, qui ressemblent « à un paquet hémorrhoïdal, et donnent écoulement à une sanie de mauvaise odeur ». Sont-ce des angiomes, des épithéliomes, ou même de simples tumeurs mélaniques? Je ne puis rien préciser.

4°. — PÉNÉTRATION DES SANGSUES DANS LES CAVITÉS NASALES

A. V, 79 : — Mêmes causes que celles signalées à propos des sangsues dans l'arrière-bouche. Abou Bekr prétend qu'on peut diagnostiquer leur présence à l'examen du sang qui s'écoule par intermittence des narines, « sang ayant une nuance changée par la raison que la sangsue l'aspire et « ensuite le rejette ». Comme traitement, injections d'huile.

5°. — CORYZA

Saafah ou *kouças* (jetage). — A. V, 79. — *Ar-routhoubah* (humeur ou mucosité). — I, 123. — Ces écoulements peuvent se rapporter à des écoulements de natures diverses. Les Arabes se bornent à les signaler, sans préciser. Cependant le *saafah* d'Abou Bekr semble bien être le coryza proprement dit. « Il s'écoule des naseaux du cheval une humeur aqueuse, sans « odeur répugnante; l'animal tousse, en raison du froid qu'il a pris; il cligne « et agite les paupières ».

B. — Larynx.

LARYNGITE

Décrite et confondue par les auteurs arabes avec la pharyngite.

C. — Bronches.

BRONCHITE

Soâl (Toux). — A. VII, 100 : — Les Arabes distinguaient plusieurs espèces de toux, basant leurs différences sur les causes déterminantes.

Toux, conséquence d'ulcérations des voies respiratoires; toux plus fréquente pendant le repas; rejet par la bouche de débris membraniformes ou de matières crémeuses; jetage blanchâtre (pneumonie). Toux occasionnée par la chaleur ou la poussière; rejet par la bouche d'une matière visqueuse, blanchâtre; respiration suspirieuse; haleine chaude. Toux déterminée par le froid, fréquente chez les poulains bridés qui ont souvent la bouche ouverte (peut-être la gourme). Toux consécutive à l'aspiration de corps étrangers (plumes, terre, poussière). Toux occasionnée par la pléthore ou quelque affection des poumons. En général, les traitements étaient à peu près identiques; ingestion d'huile, de jus de réglisse, d'œufs nouvellement pondus, — tisanes diverses, — frictions, — mastigadours, — fumigations, etc.

D. — Poumons.

1º. — PNEUMONIE AIGUË FRANCHE

Karhah el-Ryah ou *Hetk* (A. XXXI, 297. — *Hetaka* ou *Hitak*. I, 148 : —
Toux violente comme si l'animal avait avalé un os ; jetage plus ou moins
abondant ; soif intense, température élevée, toux plus prononcée au moment
de la déglutition, respiration difficile, haleine fétide, parfois expulsion, au
moment de la toux, de sang ou de « pellicules squamiformes comme des
« écailles de poisson ou des fragments purulents semblables à des caillots ».
En général, les Arabes considéraient cette affection comme grave et difficile
à guérir. « Il en est qui tiennent la bouche ouverte, qui ont les flancs gonflés,
« qui ont dans leur extérieur quelque chose de misérable. »

Ces symptômes, bien que concis, paraissent être ceux de la pneumonie et
de ses complications. Le rejet, pendant la toux, de fragments purulents,
l'haleine fétide, semblent bien indiquer la terminaison par abcédation ou
gangrène. Il est vrai que le jetage, dans la collection des poches gutturales,
contient aussi des grumeaux ramollis, mais, si les Arabes avaient voulu
parler de cette affection, ils n'eussent pas manqué de signaler la tuméfaction de la région parotidienne, dont le gonflement n'aurait pu leur échapper.

L'aspect misérable du cheval, dont parle Abou Bekr, peut caractériser une
forme grave de pneumonie ou de pleurésie. Saignée à la saphène. Boissons
et frictions diverses.

2º. — EMPHYSÈME PULMONAIRE. — CONGESTION PULMONAIRE

Rabou. — A. XXXI, 298. — *Dik el-néfès,* — A. XXXI, 298 : — Abou
Bekr, dans le même paragraphe, décrit deux affections fort différentes, bien
que caractérisées toutes deux par des symptômes de dyspnée.

La respiration haletante, pénible, courte, pressée, l'écoulement du sang
par les narines, le rejet par la bouche d'une bave écumeuse, filante, peuvent
caractériser la congestion pulmonaire et le coup de chaleur. Quant au bruit
de cornage ou ronflement par le nez, accompagné d'une respiration pénible
et pressée, il peut s'appliquer à l'emphyse pulmonaire. Mais ce bruit de
cornage peut être aussi le sifflement laryngien permanent qu'on constate
dans le coup de chaleur.

IV

Maladies de l'appareil circulatoire.

Ouadj' el-Kalb (mal de cœur). — A. XXX, 294. *Mirrah Yábiçah* (bile sèche). — A. XXX, 294. — *Kafakán* (Palpitation). — A. XXX, 294. — I, 144 : — Aucun des symptômes décrits par les auteurs arabes ne permet de déterminer ces affections qui se rapportent plus ou moins aux lésions du cœur. Une seule (*Kafakán*), caractérisée par des anhélations fortes, précipitées, sans que rien d'anormal les ait provoquées ; des palpitations violentes, du ronflement ou bruit de raucité de la respiration, semble être l'endocardite chronique.

Phlébite

Zabhah (abcès de l'égorgeoir). — A. X, 139 : — C'est probablement la phlébite. Mais les symptômes mentionnés « foyer purulent, engorgement étendu de la région du cou », sont insuffisants pour formuler un diagnostic précis.

V

Maladies du système nerveux.

Les maladies nerveuses en raison de la difficulté de leur diagnostic étaient peu connues au moyen âge. Abou Bekr ne néglige pas de nous en avertir. « De notre temps, dit-il, peu d'artistes hippiatres connaissent les maladies « cérébrales du cheval, en savent les causes et les caractères, en font un « objet d'observation et de recherches ; car peu d'hommes étudient ces « matières (t. 3, ch. II, p. 48). Néanmoins, les Arabes décrivent plusieurs maladies du système nerveux que, vu la prolixité des symptômes, il nous sera bien difficile de déterminer. Plusieurs de ces dénominations paraissent être basées sur l'état symptomatique, sur les périodes de calme et d'exacerbation, et peuvent appartenir aussi bien à une seule qu'à plusieurs maladies.

1°. — Vertige abdominal

Zîbah Kebdîah. — A. XXIX, 283 : — « Le cheval pose la tête sur le sol, la
« relève, pousse des plaintes fortement accentuées; sueurs abondantes;
« yeux tournés et portés en haut sous l'orbite », tels sont les symptômes
énumérés par Abou Bekr. Saignées abondantes, — fomentations, — fumigations.

2°. — Chorée

Noukâz. — A. XXXIII, 303 : — Les symptômes sont encore bien concis,
mais les mouvements incessants du cheval qui « lorsqu'il est debout, lève
« un membre et pose l'autre, bondit et danse des quatre membres », semblent bien caractériser la chorée, qui, d'après Abou Bekr, est plus fréquente
chez l'âne. Saignée en pince; onctions diverses.

3°. — Paralysie du nerf facial

Loûkah ou ***Louqah.*** — A. VI; 87. — I. 127 : — Le loukah ou rictus,
caractérisé par les symptômes suivants : face contorsionnée, tournée à
droite ou à gauche; lèvre pendante déviée; yeux déviés de leur position normale comme dans le strabisme; est bien la paralysie du nerf facial. Ibn al-
Awam décrit cette affection d'après Hippocrate le vétérinaire, affection dont
on ne trouve cependant aucune trace dans les livres d'hippiatrie grecque.
Pour remédier à cet état, il conseille la cautérisation ou la section de la
« veine blanche qui est située dans la lèvre supérieure ». Peut-être veut-il
parler de la section du nerf du côté opposé.

4°. — Immobilité

Façâd el-dimâr. — A. II, 46 : — D'après Abou Bekr cette affection se tra-
duirait par les symptômes suivants : vertige, agitation de la tête qui à tout
moment se porte et se tourne à droite et à gauche, yeux ternes, hennissements débiles et sourds, poussés sans motif, tête basse et abattue, oreilles
lâches et pendantes, insensibilité. Le traitement consistait en fumigations,
saignées, frictions chaudes sur le corps.

5°. — Congestion cérébrale. — Abcès du cerveau

Sidâm. — A. II, 46 : — Délire, gonflement des paupières et de la gorge.
Parfois il survient de l'amaurose. Les symptômes sont bien concis, il en est
de même du pronostic et du traitement. Mentionnons à ce propos une sin-
gulière et inexplicable manière indiquée par Abou Bekr, pour reconnaître la
gravité du mal : « Lorsque le sidâm est déclaré et que l'épaule droite a des

« tremblements convulsifs continus, le mal est sans remède. Mais, si
« les mouvements convulsifs sont à l'épaule gauche, il y a lieu d'espérer la
« guérison ».

6°. — MÉNINGITE AIGUË

Iktilâdj. — A. II, 47 : — Les frissons, la bave écumante qui s'échappe de
la bouche, la rapidité avec laquelle l'animal est enlevé, sont les seules indications fournies par l'auteur du *Nâcéri*. Si ce n'est la méningite, elles indiquent tout au moins une affection grave du cerveau.

VI

Maladies générales.

1°. — ICTÈRE

Yarakân. — A. XXIX, 283. — I, 118 : — La coloration jaune de la peau,
des oreilles, de la conjonctive, etc., etc., sont bien les symptômes de l'ictère
« dont le sang même a cette nuance au moment où il jaillit de la saignée ».
Saignées aux veines sous-orbitaire; à la queue. Boissons rafraîchissantes,
antiphlogistiques.

2°. — ANASARQUE

Djemr. — *Techebbouk.* — A. X, 138 : — Les symptômes énumérés sont
peu nombreux, néanmoins la marche de la maladie, débutant sans signe
précurseur « n'ayant rien d'obscur, ni de caché »; le gonflement plus ou
moins prononcé du poitrail, de l'encolure, des naseaux, des lèvres, le jetage
blanchâtre, la respiration pénible, haletante, la marche embarrassée, « comme
si l'animal était entravé » semblent indiquer l'anasarque aiguë.

Abou Bekr en fait deux maladies distinctes, tandis que dans le *kitâb el-
akoual* elles sont réunies et décrites comme deux variétés du *djemr*. L'étiologie même confirme notre diagnostic. Abou Bekr nous apprend en effet que
« la maladie se déclare ordinairement après que l'on a enlevé la selle du
« cheval pendant qu'il était en sueur ou après qu'on l'a fait entrer dans
« l'eau froide pendant l'hiver ».

Les traitements indiqués sont extrêmement variés : injections diverses
dans les narines, saignées abondantes à la jugulaire, en pince, barrement
de la veine, fumigations sous le ventre, frictions vinaigrées. Les auteurs

arabes insistent sur l'action des douches ordinaires ou aromatiques et l'application, aussitôt la douche, de couvertures de laine.

VII

Intoxications.

A. XXXIV. — Le chapitre XXXIV du *Nàcérî* est réservé aux accidents qui peuvent survenir à la suite d'ingestion de substances nuisibles. Parmi celles qui y sont mentionnées, plusieurs appartiennent plutôt au domaine de la fable qu'au domaine scientifique. Tels sont les accidents, dont ont déjà parlé les hippiatres grecs, consécutifs à l'ingestion d'excréments de poule (*zibl el-deddjàdj*); tels sont les cas d'intoxication grave survenus après l'ingestion du lait de chamelle au dixième mois de gestation. D'autres, par contre, nous paraissent assez probants pour être signalés.

1°. — INTOXICATION PAR LE LAURIER-ROSE

Ekl-el-defld. — Coliques violentes, sueurs, bouche écumante, yeux injectés, langue pendante, gonflée, tuméfaction des membres. Antidote : décoction d'orge et de dattes ou de pourpier, additionnée de lait de vache.

2°. — INTOXICATION PAR LE CHOU SAUVAGE

El-Kourounb el-berry. — Météorisme, oreilles basses, pénis pendant. Antidote : suc de poireaux et vinaigre, décoction de pommes additionnées de soude, etc.

3°. — INTOXICATION PAR LES CANTHARIDES

Zarârih. — Rejet de sang par l'anus et d'une matière analogue « aux déchets que donne l'instrument des tourneurs », (probablement desquamation de l'épithélium, sous forme de cylindres plus ou moins allongés,) ballonnement, coliques violentes, douleurs très vives, hennissements plaintifs. Antidote : décoction de dattes sèches, racines de réglise et gomme de tamarix; de préférence on emploie le *doronik akkàri* (queue de scorpion), le meilleur antidote, suivant les hippiatres arabes.

4°. — INTOXICATION PAR L'ARACHNIDE ANKABOÛT

que Perron croit être la galéode jaunâtre et noirâtre si commune en Égypte.

PATHOLOGIE EXTERNE

VIII

Maladies de la région digitée.

Les Arabes attachaient une grande importance aux affections du sabot. « Il importe, dit Abou Bekr (XVI, 181), de savoir que telles maladies, pou-« vant devenir la cause originelle de toutes les autres maladies dans l'ani-« mal, sont, par cette raison, comme les dégradations qui attaquent les « bases d'un édifice. Du moment que ces bases tombent en ruine, tout le « haut de l'édifice est perdu. »

1°. — BLEIME

Wakrah. Rahsah. — A, XVI, 182, se dit encore *Rahsa* auj. (Voir Général Daumas, 180.) — *Ar-Rahaçah.* — I, 175. — *An-naqatah* (dépôt). — I, 178. — *Oudja.* — I. 181. — *Latm el-hidjârah* (heurt contre les pierres). — A. XVI, 183 : — Tous ces noms différents se rapportent aux contusions de la sole, à la bleime, que les Arabes attribuaient à diverses causes, notamment aux contusions du sabot, aux fers trop minces ou trop légers, pour préserver convenablement la sole. « Alors l'animal heurte du pied les pierres ; le fer « comprime et ferme le pied ; le sang s'amasse et fait ecchymose, comme « cela arriverait à la main de l'homme par suite d'une contusion, d'un choc. » (A. XVI, 183). — Comme symptômes principaux, ils signalent la chaleur du sabot et l'attitude particulière du cheval, qui tient le membre suspendu, à peine posé sur la pince.

Avant toute médication, disent-ils, appliquer sur le pied un cataplasme de beurre fondu et de son pour hâter la maturation. Puis amincir la corne jusqu'à ce qu'on arrive au siège du mal et faire une large ouverture pour donner écoulement au pus. On panse ensuite avec un onguent composé d'oignon, d'ail et de graisse ou bien avec des étoupes imbibées de goudron, de noix de galle et de colcotar, et on recouvre le pied d'une chausse de cuir ou de grosse toile. Si la légèreté du fer a été pour quelque chose dans cet accident, ils recommandent l'application d'un fer à bords larges, plus épais, plus étalés en pince, ou d'un fer à planche. « Le fer ne devra pas être large si la seime « est bien en pince ou sur le devant du sabot ou même à l'arrière des « talons. » (A. XVI, 187.)

2°. — Enclouure

Temchth. — A. XVI, 183 : — Le temchth ou piqûre par un clou, par suite de la maladresse du maréchal, est bien notre enclouure. Abou Bekr donne d'excellents conseils pour remédier à cet accident. « Si le clou est « resté dans la corne, il est de toute nécessité d'arracher ce clou avec les « tenailles ou pinces ; le fragment resté n'eût-il que le volume d'une graine « de moutarde. Car, quelque soit le peu qui reste, il n'y a de repos qu'après « l'évulsion. Si l'on néglige ce point, tout le sabot sera en souffrance, se « dégradera, se perdra. » Une fois l'extraction faite, faire une rainure de haut en bas, le long du trajet, et graisser avec un mélange d'huile et de goudron.

3°. — Clou de rue

Lakat el-azm wa el-maçâmîr (rencontre ou prise d'un chicot, clous, etc.). — A. XVI, 183. — **Ouaqrah.** — I, 178 : — C'est, disent les Arabes, une maladie qui provient de l'implantation dans le pied d'un objet pointu, pierre, clou, os, etc., etc. Les conseils que donne Abou Bekr sont fort judicieux : extraire le corps étranger le plus tôt possible et ouvrir profondément le trajet qu'il a suivi, de peur qu'il ne reste quelques débris. Il considérait, en effet, cet accident comme pouvant être le point de départ de maladies graves du pied. Panser ensuite avec goudron et huile, et s'il survient des bourgeons charnus, les cautériser avec de l'alun, du sel et de l'ammoniac pilés. Plus loin, il indique la manière de trouver l'endroit où le corps étranger a pénétré, dans le cas où il passerait inaperçu. Il consistait à appliquer pendant deux jours un cataplasme de pelures d'ail, « alors le point atteint et douloureux apparaît ».

4°. — Seime

Fizr ou **Fizar** (seime superficielle). — A. XVI, 182. — **Foutoûk** (seime avec bourgeons charnus au niveau de la couronne). — A. XV, 176. — **Choukâk** (seime simple). — A. XV, 175. — **Al-Çadha.** — I, 169. — **Al-schaïtah.** — I. 169. — **Namlah.** — I, 168. — **Nemlah.** — A. XVI, 186 : — Ces diverses espèces de seimes étaient caractérisées par une fente plus ou moins profonde et une claudication plus ou moins prononcée. Ibn Abou Hazem dit qu'elles sont plus fréquentes aux membres antérieurs.

Le traitement, dans les cas ordinaires, consistait à laver le sabot et à appliquer des onctions de graisse de queue de mouton ou de viande digérée dans le vinaigre, puis à envelopper le pied d'une chausse de cuir. S'il survient des bourgeons charnus, les cautériser avec de la noix de galle, couperose, vinaigre. Pour les seimes profondes, les Arabes recommandent de les circonscrire avec une raie de feu ou d'amincir la corne jusqu'au vif. Fer à planche.

On n'est pas bien d'accord sur la signification du mot *namlah*. D'après Ibn Koteïba, ce serait une fissure du sabot à la face externe qui, suivant Mousa Ibn Naçr, partirait de la couronne à la pince; d'après Ibn Abou Hazem, ce mot devrait s'appliquer à une fissure qui attaquerait la partie antérieure du sabot; d'après Abou Bekr, enfin, ce serait : des fentes, des excavations creuses qui se produisent sur le devant du sabot et dont il se détache des détritus furfuracés blanchâtres. C'est peut-être aussi la fourmilière.

5°. — CRAPAUD OU CERISE

Al-toutah fi 'l-hâfir. — I, 174 : — Affection cancéreuse très difficile à guérir qui, d'après Ibn-al-Awam, se montrerait vers le milieu interne du sabot et d'où s'écoulerait un liquide sanguinolent.

Huzard, dans une note citée par le traducteur d'Ibn-al-Awam, croit qu'il s'agit du crapaud. Ce pourrait être aussi bien la cerise, car il est dit : « Qu'il « pousse une excroissance charnue qui se montre au dehors et enfle beaucoup ». Comme traitement, cautériser avec les caustiques potentiels dont nous avons déjà parlé, ou râcler, exciser les bourgeons charnus.

6°. — ENCASTELURE

Dik el-hâfir. — A. XVI, 183 : — Resserrement du sabot, conséquence, d'après Abou Bekr, d'une boiterie de l'épaule, de la déviation de l'avant-bras, d'où souffrance qui s'oppose à l'appui régulier du pied sur le sol, et, par suite, l'encastelure se produit. Nulle part il n'est fait mention de la ferrure comme cause de l'encastelure. Le traitement consistait en cautérisations; cinq lignes de feu dans la direction longitudinale du sabot, puis rainures sur ces mêmes lignes avec un couteau à sabot ou un bistouri pour les opérations de pied. Onctions diverses. Fer à planche. D'après Abou-Bekr, au bout de quarante jours, le sabot récupère sa largeur primitive.

7°. — DESSOLURE. — DÉCOLLEMENT DU SABOT

Kal' el-Keff. — A. XVI, 184. — I, 171 : — Il n'est pas ici question de la dessolure, en tant qu'opération chirurgicale, mais du décollement de la boîte cornée, « conséquence du javart, de l'enclouure, du clou de rue, de la présence du pus dans les parties internes ». « Il est, dit Abou Bekr, des chevaux « durs à la douleur, qui sont atteints de tels de ces accidents ou maladies, « et que l'on néglige de soigner en raison de cette tolérance ou dureté ani- « male et du peu de claudication qu'ils laissent percevoir. »

Comme traitement, ouvrir largement jusqu'au réservoir où séjourne le pus et enlever la corne qui a été en contact avec la matière purulente. D'autres enlevaient le sabot et appliquaient une emplâtre de résine chaude.

8°. — JAVART ENCORNÉ

Tâbek. — A. XVI, 182 : — Gonflement des talons qui laissent échapper, après incision, un liquide blanc roussâtre. Cautérisations. Onctions de graisse de queue de mouton et de goudron.

9°. — LUXATION DU SCAPHOÏDE

Kaçah ftil-ridjl (écuelle au pied). — A. XVI, 191 : — Cette maladie n'est pas décrite dans le *Nâcéri*, elle ne figure qu'au point de vue du traitement. Voici ce qu'en dit Abou Bekr :

« La luxation scaphoïdienne arrive au paturon du membre quand un « cheval vient à butter, même sans un grand effort de déviement ou de faux « mouvement ».

Pour y remédier, on fait presser par le pied d'un homme sur le paturon jusqu'à ce que le scaphoïde revienne en position normale, puis on fait des onctions diverses. Quelquefois il est nécessaire de mettre des attelles.

10. — ABCÈS SOUS-CORNÉS

Kyâs (mesure). — A. XV, 175 : — Bien que Perron, le traducteur du *Nâcéri*, traduise cette expression par forme, nous ne pouvons admettre cette interprétation.

Voici, en effet, ce qu'en dit Abou Bekr : « Tumeur analogue au petit « limon, charnue, qui croît au bourrelet, sur le point de rencontre du « bourrelet et du sabot, d'un seul côté et parfois des deux côtés. Souvent « cette maladie est la conséquence de mauvaises médications employées « contre le javart encorné, la bleime, l'enclouure, etc. Par suite, les humeurs « ou matières morbides s'accumulent dans le sabot, s'y amassent, mais « finissent par sortir par le bourrelet. Alors, là, la chair se sépare, s'écarte ».

Tout ceci nous semble bien être la description des abcès sous-cornés, conséquence d'une maladie grave du pied, d'où accumulation de pus dans l'intérieur de la boîte cornée, pus qui finit par se faire jour et *souffle aux poils*. Appliquer des émolients, des maturatifs et faire des ponctions avec un cautère pour donner écoulement au pus.

11°. — ATTEINTES

Istikâk. — A. XIII, 168 : — Quand le cheval se coupe, dit Abou Bekr, on y remédie par la ferrure. De plus, il faut revêtir le bourrelet d'une chausse en cuir, jusqu'à ce que, sous l'influence du fer, le défaut de se couper soit disparu.

12°. — EAUX AUX JAMBES

Infidjâr el-kouroûh el-chouhdîah. — A. XIII, 168 : — Ce sont bien les eaux aux jambes caractérisées par le gonflement du boulet et l'écoulement d'une sanie fétide. Comme traitement, les anciens préconisaient la cautérisation, avec un cautère de cuivre et non de fer. Ensuite ils pansaient avec de la poix liquide, ou pommade composée de : gomme ammoniaque, litharge d'argent, blanc de céruse, cuivre, vert-de-gris.

13°. — CREVASSES

Aran. — A. XIV, 171. — *As-schaqâq.* I. 183. — *Al-damihah.* — I. 194. — *Al-foulouq.* — I. 179. — *Al-tawassaf.* 191 : — Ces diverses dénominations s'appliquent aux crevasses et servent à caractériser diverses périodes.

Aran « est un produit d'irritation, né au paturon, qui alors se gonfle,
« s'ouvre en fissures ou gerçures d'où suinte une matière sanieuse et
« sanguinolente jaunâtre. »

As-schaqâq « sont, dit Abou Ibn Kotaïba, des fissures qui se portent sur
« le paturon et qui quelquefois suintent dans le canon. »

Al-foulouq. — Crevasses qui se produisent, dit Ibn Abou Hazem « dans la
« partie charnue du pied du cheval, sur la fourchette et sur la couronne
« en travers ».

Al-damihah. — Suintement au paturon. Serait, d'après Ibn Abou Hazem,
« une fissure à la peau du paturon, là où les pieds, soit de devant, soit de
« derrière, semblent être coupés, et quand le cheval court le sang en suinte ».

Al-tawassaf. — Excoriation de la couronne. Ibn Abou Hazem dit que c'est
« un mal qui a de l'analogie avec les crevasses. Il attaque la couronne et ne
« s'élève point sur le paturon ».

Comme cause principale les Arabes signalaient la sécheresse; quand l'animal, après être entré dans l'eau froide, l'été, a marché ensuite dans la poussière qui s'est incrustée entre les crins. Comme traitement préventif ils recommandaient les soins de propreté. Quant aux traitements curatifs ils étaient extrêmement nombreux : application sur les crevasses de [viande confite dans du vinaigre, d'huile cantharidée, de cataplasmes et matières les plus diverses.

14°. — MOLLETTES

El-mâ fi l-a'çâb (eau aux tendons). — A. XII, 154. — *Al-kahâb.* I. 191 : — L'apparition d'une saillie, à la partie inférieure du paturon, du volume d'une aveline et plus, souvent bilobée ou trilobée qui, sous la pression des doigts, descend jusqu'au creux du paturon, constitue bien les mollettes articulaires ou tendineuses, unilatérales ou chevillées. Comme traitement Abou Bekr recommande la ponction. On lie, dit-il, la jambe au-dessus du boulet avec une corde, afin que tout le liquide s'amasse dans le creux du paturon. On ponctionne avec la pointe du bistouri, puis on vide tout le liquide. On applique ensuite un emplâtre de résine. D'autres, après évacuation du liquide, cautérisaient avec une brique fortement chauffée.

15°. — DISTENSION ARTICULAIRE

Tahrtk el-fouçoûs. — A. XIV, 172 : — C'est la distension articulaire ou pseudo-luxation des os du pied, résultat d'une glissade, d'une chute dans un trou, une crevasse et des efforts violents auxquels se livre l'animal pour se dégager. Gonflement. Boiterie très accusée. Application d'un emplâtre de poix ou de cantharides et de goudron pour maintenir les os en place, ou cautérisation en raies.

16°. — FORMES

Louzah (amandes). — I. 167. — Sont encore aujourd'hui désignées sous ce nom (Général Daumas, p. 189.)

17°. — KÉRAPHYLLOCÈLE

Dakhas. — I. 181 : — Maladie, dit Ibn Abou Hazem, qui attaque les pieds antérieurs du cheval et parfois les pieds postérieurs. « C'est une grosseur « semblable à un noyau de datte ou peut-être plus volumineux encore, qui « se montre entre la couronne et le sabot, à la face interne ou externe. « Quand ce mal reste caché à l'intérieur, il est très dangereux. Je ne « connais rien de plus grave, et j'ai rarement vu qu'on ait pu garantir de la « claudication un animal qui en était atteint. » Il nous semble que ces symptômes sont bien ceux de la kéraphyllocèle. Le traitement consistait en applications vésicantes, pointes de feu.

IX

Maladies des membres.

A. — Maladies des rayons osseux.

I. — Exostoses.

1°. — Azm el-sabk

A. XII, 157 : — C'est une exostose du canon, une espèce de suros de la grosseur d'une noisette, d'une noix, appelée « os de grande course ou os de devancement ».

2°. — Takrîn

A. XIII, 167 : — Exostose située à la partie interne et externe du boulet. Cautérisation.

3°. — Meleh

Meleh. — *Malah* (chapelets-fusées). — A. XVII, 193. — I, 195 : — Il me semble que ces excroissances, bien que décrites séparément, doivent se rapporter aux suros. Dans le *Ilm al-syácyah*, il est dit que le *meleh* s'observe chez les chevaux à la base du jarret, en arrière. Pour Ibn al-Awam, le *malah* est une grosseur qui se montre sur les os du jarret, excroissance qui ressemble à une moitié de cornichon ; c'est peut-être la courbe.

4°. — Djard ou Djarad

A. XVII, 192 (auj. *El-Djeurde*, général Daumas, 188). — I, 192-269 : — Sous ce nom les arabes confondaient toutes les tumeurs osseuses, jarde, courbe, éparvin, ayant leur siège sur le jarret.

Abou Bekr en distingue trois variétés :

1° Une située sur l'os même du jarret, à la partie *interne*, c'est probablement l'éparvin.

2° Une deuxième, placée à la partie *externe*, et désignée sous les noms de jarde bovinal, éparvin bovinal. En raison de son siège, cette tumeur osseuse ne peut correspondre à notre ancienne dénomination d'*éparvin de bœuf*, situé à la partie interne. Par sa position même, il nous semble que c'est la *jarde*.

3° Quand à la jarde camélique ou camélienne, ou éparvin camélique, ayant son siège du côté externe et interne, c'est une tumeur osseuse qui n'a rien de spécial. Ibn al-Awam semble même décrire sous ce nom les osselets ou tumeurs osseuses du genou.

Quoiqu'il en soit, les arabes considéraient ces exostoses comme une tare des plus graves, à cause de la boiterie prononcée qu'elles déterminent, d'où par suite inutilisation du cheval. De même que pour toutes les exostoses, la cautérisation était le seul remède indiqué.

5°. — SUROS

Okad (pluriel : *Okdah*). — A. XII, 155. — *Az-Zawaïd* (au singulier : *Zaï-dah*). — I. 193 : — Cette dénomination était réservée aux tumeurs « qui ont une dureté osseuse », du volume d'une noix et même plus, situées au point de jonction du canon et du péroné. Abou Bekr semble désigner le suros sous le nom d'*Okad* « chapelets ou fusées développés vers les tendons » ou de *Azm el-sabk* dont nous avons déjà parlé plus haut.

Le pronostic de ces tumeurs variait suivant leur siège et leur nombre. Peu graves à l'état isolé, plus graves à la partie interne qu'à la partie externe. Ces tumeurs osseuses, situées à la partie antérieure, prenaient le nom « d'ex-croissances de l'âne ».

Le traitement consistait en pommades, onguents divers et surtout en cau-térisations « préférable aux incisions ». Feu en palme, en forme de dattier et de préférence en pointes, afin de ne pas laisser de traces.

6°. — OSSELETS

Hotâm. — A. XI, 148 : — « Tumeur osseuse, développée sur la saillie « même du genou, très dure, allongée en forme de banane et étalée en « travers ».

7°. — PÉRIOSTOSE DU GENOU

Keden. — A. XI, 148 : Gonflement très marqué du genou, tumeur osseuse, volumineuse, arrondie, qui détermine une boiterie considérable. « L'animal « ne peut fléchir le bras, mais il porte en avant le membre antérieur sans « en avoir plié la moitié inférieure, du côté du ventre (ankylose du genou). Pas d'autre traitement que le feu.

8°. — PÉRIOSTOSE DU PATURON

Saratân. — A. XIV, 171. — *Sarthân.* — I. 192 : — Ce serait une tumeur plus ou moins volumineuse, analogue à l'éparvin ou à la jarde (forme), repo-sant sur le paturon, vers le boulet, et déterminant une tuméfaction telle, que le sabot se trouve dévié. D'après Ibn Abou Hazem, cette affection serait moins grave aux pieds de derrière qu'à ceux de devant.

Application de substances épilatoires, puis, scarifications et pommades vésicantes (cantharides et goudron). Mais, de tous ces traitements le feu est préférable.

9°. — FRACTURES. — FÊLURES

1° FRACTURES : *Kasr*. — A. IX, 122 : — Abou Bekr donne une bonne définition des fractures. Il les divise en trois sortes :

1ᵉ *Fracture simple*, quand l'os seul est fracturé sans lésions concomittantes.

2° *Fracture compliquée*, quand il y a plaie en même temps que fracture.

3° *Fracture esquillée* (*comminutive*), quand l'os est brisé en fragments ou esquilles.

Quant au pronostic, il variait suivant le siège et l'étendue des lésions. Abou Bekr considérait comme incurables, les fractures de l'omoplate, du sommet de l'humérus, du coude, les fractures longitudinales du canon. Par contre, il avait bon espoir pour les fractures en « bec de roseau à écrire » (bec de flûte).

Le traitement variait également suivant la forme des fractures. En général il consistait dans la suspension de l'animal, et dans l'application de bandages contentifs et d'attelles en branches de dattier et autres, assujetties de façon à maintenir le membre en place.

Quarante jours étaient nécessaires pour la consolidation des fractures; mais les arabes renouvelaient le pansement tous les dix jours.

Si au bout de ce laps de temps la consolidation n'est pas obtenue il faut, dit Abou Bekr, cautériser et agir comme ci-dessus pendant cinquante jours, terme définitif. Si passé ce délai, il n'y a pas guérison, tout espoir est perdu.

En cas de déviation dans la soudure des abouts osseux, Abou Bekr conseille, par des tractions, de les ramener dans leur position normale.

2° FÊLURE DE L'OMOPLATE : *Chaza*. — A. IX, 120 : — Se produit le plus souvent chez les mulets, les bêtes de somme, les chevaux communs employés au transport des fardeaux.

Symptômes : crépitation sourde à l'endroit fêlé, douleur vive. Emplâtres cicatrisants, cautérisation.

B. — Maladies des articulations.

1°. — ARTHRITE

Insibâbah. — A. XI, 149 : — Tuméfaction très marquée autour du genou, gardant l'empreinte des doigts, — chaleur. — Parfois sueurs locales ou suintement cutané. Topiques rafraîchissants, cataplasmes, pommades.

2°. — SYNOVITE

Insibâbah fî l-açab. — A. XII, 154 : — C'est la synovite ordinaire, « avec « gonflement de tout le trajet tendineux, gonflement accompagné de chaleur, « dépressible, ne faisant boiter que lorsqu'il est considérable ».

3°. — SYNOVITE RHUMATISMALE

Rîh el-mafâcil. — A. XXXIII, 302 : — On connaît encore cette affection sous le nom d'*irâdj el-Kelb*, boiterie de chien. C'est la synovite rhumatismale avec caractère ambulatoire. « Du jour au lendemain vous voyez une des jambes « du cheval s'enfler. Le jour suivant, c'est l'autre jambe et il boite. Ensuite, « il y a rémission et calme ; puis un pied de derrière s'enfle, et l'autre ; puis, « sans médication, cela s'apaise ». Saignée, cautérisations, onctions diverses.

4°. — LUXATIONS

1) LUXATION DE L'HUMÉRUS. — *Nakab.* — A. IX, 120 : Saillie de la tête de l'humérus hors de l'articulation scapulo-humérale ; conséquence d'une torsion violente et rapide du membre, par exemple « soulèvement de l'ani- « mal tenu dans des entraves trop courtes, etc. » Marche presque impos- sible. Le cheval traîne la jambe. Supprimer les entraves et appliquer un emplâtre de poix. Si cela ne réussit pas, on entrave le bipède sain et on force l'animal à marcher. Cautérisation.

2) LUXATION COXO-FÉMORALE. — *Kouroûdj mafsal el-saydr.* — A. XVIII, 200 : — Luxation produite le plus souvent par suite de heurts, de glisse- ments violents « et vous voyez l'os saillir comme le boulet, ou moindre, au « centre de la cuisse du cheval ». Comme traitement, Abou Bekr en cite un préconisé par son père. Prendre une musette ou un petit sac bourré de paille hachée, le placer entre les deux cuisses du cheval ; puis, attacher une corde aux deux pieds et faire tirer sur ces cordes en même temps, pendant qu'un aide ramène l'os dans sa position normale. Ensuite, mettre un emplâtre de poix ou cautériser.

3) Luxation ou Accrochement de la Rotule. — *Kouroûdj mafsal el-sabk.*
— A. XVIII, 200 : — Mêmes causes, même traitement que ci-dessus.

5°. — Bouleture

Zaman. — A. XII, 155 : Déviation des rayons osseux des membres, de telle sorte que l'animal porte et appuie sur la pince. Boiterie très prononcée. Les arabes attribuaient cet accident à une rétraction tendineuse, conséquence de travaux exagérés et surtout de grandes fatigues. Bien que considérant cette affection presque comme incurable, Abou Bekr indique les nombreux traitements plus ou moins fantaisistes formulés par ses devanciers.

« Des amateurs veulent que l'on isole et soulève de sa place le tendon, « comme on fait pour lier la veine. Mais ce procédé est périlleux. »

« D'autres percent un trou à la partie antérieure du pied, fixent sur ce « trou une corde, qu'ils attachent à la mangeoire et s'imaginent par là « remettre le membre dans son aplomb ».

Mais, ajoute Abou Bekr : « toutes ces idées et manières d'agir manquent « de sens et de raison ».

D'autres enfin, ferrent avec le *fer scorpion* (ou relevé et plus fort de l'arrière), surtout quand le sabot est renversé et dévié en avant.

6°. — Distension Ligamenteuse du Coude.

Kal'. — A. IX, 122 : — Cette distension est indiquée comme ayant son siège au sommet de l'os du bras ou au cubitus. Boiterie très prononcée, beaucoup plus forte que dans les autres affections se traduisant par de la claudication. Causes : élans trop vigoureux, halte trop courte, chutes, glissades.

Après la fracture, c'est le mal le plus difficile à guérir, dit Abou Bekr. La première condition est d'opérer la réduction, si elle est possible, puis d'appliquer un emplâtre réparateur, en ayant soin de maintenir le cheval immobile, suspendu pendant sept jours. On renouvelle le pansement toutes les semaines et cela pendant quarante jours.

Au bout de ce temps, si le déplacement est le même, si le membre n'a pas récupéré sa position normale, si la boiterie et la douleur n'ont pas disparu, cautériser et maintenir au repos pendant quarante jours. Si, passé ce délai, l'animal n'est pas guéri, c'est qu'il n'est pas susceptible de l'être. Il faut alors l'abattre ou le garder pour la reproduction s'il est de bonne origine.

7°. — Vessigon Articulaire

Nafk. — A. XVII, 193. — *Al-Nafah.* — I. 189 : — Tumeur molle du jarret, « renfermant une humeur semblable à du blanc d'œuf, quelquefois

« épaisse, jaunâtre ». Abou Bekr dit, que c'est une des tares les plus graves, à cause de la boiterie qu'elle détermine. Ibn Abou Hazem, prétend que c'est un défaut qui se voit dans les villes où on le tolère, mais il ne connaît rien de plus fâcheux en voyage. Traitements variés : cataplasmes, bains d'eau froide, topiques rafraîchissants, scarifications, pommades vésicantes, cautérisations. Abou Bekr dit avoir vu des gens inciser le vessigon avec un cautère, extraire tout le liquide, mais, ajoute-t-il, c'est un moyen dangereux.

8°. — CAPELET. — HYGROMA DU JARRET

Kam'. — A. XVII, 194. — *Qamah.* — I. 194 : — Tuméfaction de la pointe du jarret qui prend la forme d'une pomme. Bains de rivière, topiques rafraîchissants, etc., etc.

———

C. — Maladies des tendons.

1°. — TENDON CLAQUÉ

Infitâk el-açâb. — A. XII, 156 : — Cet accident est la conséquence d'élans subits, d'efforts violents, pendant la course. Du genou au boulet le tendon présente une saillie dure, résistante. Il est probable qu'il s'agit là d'une rupture tendineuse. Application d'emplâtres à base de résine ou d'emplâtres restrinctifs (amidon, gomme, blanc d'œuf).

2°. — INTICHÀR (Proéminence du tendon)

A. XII, 156. — « Tuméfaction légère de l'extrémité tendineuse contre le « boulet. Si vous appuyez sur la tumeur, le cheval ne supporte pas la pres- « sion et lève le membre antérieur ». C'est tout ce qu'en dit Abou Bekr. C'est tout à fait insuffisant pour le diagnostic.

3°. — NERF-FÉRURE

Kerd. — A. XII, 154 : — C'est la nerf-férure qui, d'après Abou Bekr, apparaîtrait le plus ordinairement en hiver et chez les poulains, à cause de la rigueur du froid et de la délicatesse des tendons chez les jeunes sujets ; de là rétraction tendineuse et boiterie qui peut persister toute la vie.

4°. — BLESSURE TENDINEUSE

Djeráh ouâkiah fî l'a' çáb. — (Blessure tombée sur les tendons.)
Chaûk aou kaçab fî l'a çab — Épine dans les tendons. — A. XII, 157 : —
On reconnaît, dit Abou Bekr, qu'une blessure est survenue aux tendons,

quand, dans la solution de continuité on aperçoit quelque chose de jaunâtre comme du *wars* (poudre d'orobanche tinctoria). Est-ce la synovie coagulée? Il recommande de ne pas réunir les deux lèvres de la plaie, car on enfermerait la matière dans la gaîne tendineuse. Il faut au contraire laisser la plaie largement ouverte et y appliquer un onguent basilicon.

5°. — RUPTURE DU TENDON

Chaza fi l'a' çab. — (Éraillure aux tendons). — A. XII, 156 : — Rupture des fibres tendineuses, conséquence de coups violents portés sur le tendon, d'où décollement, gonflement, boiterie. Le tendon n'a plus d'action. « Le « membre se relâche et se dévie en avant ; car l'articulation est un assem- « blage d'os adaptés et adjoints les uns aux autres, gouvernés par l'opposi- « tion du tendon à la façon de la bride qui maintient la scie ».

6°. — INFLAMMATION DE LA BRIDE CARPIENNE

Mechech. — A. XII, 153 : — « Tumeur dure, résistante, siégeant au ten- « don postérieur du canon et comme collée au dessous de la charnière ou « pli du genou ». D'après Abou Bekr cette affection serait une tare grave, en ce sens qu'elle amène fatalement la bouleture et la rétraction tendineuse.

D. — **Maladies des muscles**. — **Tumeurs et divers**.

1°. — ÉCART

Ferk. — A. IX, 122 : — Affection qui survient à la suite de violents efforts, notamment pour retirer le pied enfoncé dans un trou ou pris entre deux pierres, d'où boiterie intense. Le cheval traine pour ainsi dire le membre. Le traitement indiqué est tout au moins singulier ; c'est une réminiscence des hippiatres grecs. Il consistait à inciser l'endroit sensible et à introduire dans la plaie un tube destiné à pratiquer des insufflations sous-cutanées ; on introduisait ensuite un cautère chaud, sur lequel on versait du naphte de manière que le naphte remplisse le trajet formé par le tube insufflateur. On mettait ensuite des sétons en forme de croix au point malade.

2°. — TRAUMATISMES

a.) *Coup sur le genou.* — (*Latamah el-ma'laf*). — A. XI, 149.

b.) *Contusion des muscles de la région humérale (Lizk).* — A. IX, 121.

c.) *Rupture des fibres musculaires (kat'el-lahm),* — A. IX, 121 : — Rupture, puis paralysie des sus- et sous-épineux avec atrophie consécutive.

3e. — ŒDÈME DES EXTRÉMITÉS

Terahhoul. — (Engorgement ou enflure des membres). — A. XII, 157 : — Suite ordinaire d'excès de nourriture, de repos ou de stabulation trop prolongée. Promenade, bains de rivière, topiques rafraîchissants.

4°. — BATRAH

A. XIII, 167 : — Tumeur quelconque, déterminant des excoriations, des ulcérations, laisant suinter un liquide sanieux, séro-purulent. Cette affection peut être rattachée à diverses maladies ; crevasses, eaux aux jambes, éruptions farcineuses.

5°. — ÉPONGE DU COUDE

Kerk. — A. IX, 122 : — Épanchement qui survient au coude, où il acquiert le volume d'une orange. Les arabes ne semblaient pas en connaître la cause principale, car ils l'attribuaient à un embarras gastrique « *toukamah* » dû à l'excès de fourrage et d'orge. Divers procédés chirurgicaux ont été préconisés :

1° Certains ouvraient la tumeur avec la pointe du bistouri rougi au feu, donnaient ainsi un écoulement au liquide, puis remplissaient la plaie de charpie, miel, sarcocolle.

2° D'autres fendaient la peau, disséquaient la tumeur et l'enlevaient par fragmentation ou par application de corrosifs.

3° D'autres enfin, perçaient la loupe de part en part, avec une broche fortement chauffée et passaient dans l'ouverture un séton à mèche cordelée en crin que, chaque matin, ils faisaient manœuvrer par des mouvements alternatifs de va et vient.

6°. — DIAGNOSTIC DES BOITERIES

I. 271 : — Les Arabes étaient très experts dans le diagnostic des boiteries, dont le siège est parfois si difficile à déterminer. Voici ce qu'en dit Ibn Abou Hazem :

« Quand la cause d'un vice apparent ou non est cachée, il faut faire des « recherches très attentives jusqu'à ce qu'on l'ait découverte, qu'on sache « positivement d'où vient la claudication, et qu'on ait bien observé les signes « indicateurs. Sachez bien que si la claudication affecte l'un des pieds de « devant, le mal se reconnaît par le mouvement de la tête et son abaisse- « ment soit dans l'allure du pas, soit au trot ».

Il recommande, pour que la claudication soit plus visible, de n'examiner le cheval qu'après l'avoir laissé reposer pendant quelques heures, surtout après un travail pénible et surtout de le faire trotter sur un terrain facile, plat et uni autant que possible.

« Considérez avec attention la tête de l'animal quand il trotte, ainsi que « ses oreilles ; arrêtez-y longtemps le regard, cette observation prolongée « vous fera connaître la claudication. »

Dans la claudication des membres postérieurs, il la déterminait au manque de relation, entre le jarret et la croupe, dans les mouvements d'élévation et d'abaissement.

———

X

Maladies des régions abdominale et thoracique.

———

A. — Région abdominale.

———

Hernies. — Éventration.

1°. — HERNIE VENTRALE

Infitâk. — . XXVII, 266 : — « Division de l'enveloppe intérieure, sans « rupture de la peau extérieure. Alors l'intestin s'échappe de l'intérieur, « demeure retenu et enfermé dans la peau et proémine en saillie, ayant le « volume d'un limon au plus. Par la pression de la main, l'intestin rentre à l'intérieur et vous apercevrez le détroit ou passage resserré ; c'est comme une petite lucarne ou fenêtre sous votre main. » C'est une bonne description de la hernie, et nous n'avons rien à y ajouter. Le traitement était insignifiant et basé seulement sur l'application d'emplâtres variés. Du reste, les Arabes admettaient qu'elles disparaissaient avec l'âge chez les poulains, et, que des chevaux adultes pouvaient fournir de longues courses sans en être incommodés.

2°. — HERNIE OMBILICALE

Dâ el-touffâhah (mal de pomme). — A. XXVII, 266 : - - Hernie occupant le nombril, fréquente chez les poulains. Fomentations diverses.

3°. — ÉVENTRATION

El-djetâh el-wakiah bi-merâk el-batn wa kouroûdj el amâ.—A. XXVII, 266:
— Blessure du ventre avec sortie des intestins. Abattre le cheval sur le dos,
afin que les viscères descendent, réduire les parties herniées après lavage,
appliquer sur les lèvres de la plaie, pour les rapprocher, des fourmis soli-
maniennes. (Voir Chirurgie, Sutures.)

B. — Région thoracique.

1°. — FRAYEMENTS AUX ARS

Mahzam. — A. X, 139: — Occasionné par l'étroitesse de la sangle et
l'excès de constriction sur l'animal. Excoriations etc. Traiter comme le mal
du garrot.

2°. — FRACTURE DES CÔTES

Kasr el-adlâ. — A. XXVI, 260. — Pas de description de symptômes, cette
lésion s'apercevant facilement, suivant Abou Bekr. Emplâtres à base de
résine, ichras, etc.

XI

Maladies des organes génitaux.

A. — Maladies des organes génitaux mâles.

1°. — ORCHITE

Waram el-ountietn. — A. XXII, 234. — Gonflement des testicules dû à un
coup d'air ou à la présence d'un épanchement (hydrocèle). Saignées. Application sur les testicules de cataplasmes émollients.

2°. — TUMEURS DE LA VERGE

a.) *Taâltl* ou *atâltl* (verrues). — A. XXI, 229. — I. 163 : — Papillomes à
peu près analogues à ceux observé chez l'homme. Différents mode de traitements : ligature à la base, excision ou cautérisation.

b.) *Bawáctr.* — A. XXI, 229 : — Le traducteur traduit par varices de la verge qui « se présentent sous forme de gonflements ou de reliefs différents « du tissu du pénis, durs, résistants, développés sur la tête même du membre « en manière d'élevures à proéminences rouges. »

c.) *Hirr.* — I. 164 : — Excroissances charnues sur la verge.

3°. — Paralysie de la verge

I. 163, 97 : — Dans ce cas la verge reste pendante hors du fourreau, sans que le cheval puisse la faire rentrer. Bains de rivière, douches d'eau froide ou d'eau de mer, scarifications ou plutôt acupuncture de la verge avec une aiguille et frictions de vinaigre (Ibn Abou Hazem). Pour corriger ce vice, dit Mousa Ibn Naçr, pendant que le cavalier monte le cheval, un valet suit, qui frappe le pénis avec une lanière de cuir.

B. — Maladies des organes génitaux femelles.

I. — Maladies de la matrice et du vagin.

a.) Renversement de l'utérus. — *Bouroúz el-raham.* — A. XX, 218 : — Il est bien ici question du renversement de la matrice, après le part, par suite des efforts expulsifs. Pour remédier à cet accident, les Arabes conseillaient de mettre la jument sur le dos, les jambes en l'air, et de laver la vulve et la matrice avec une infusion de camomille et de mélilot avant d'opérer la réduction ; puis de suturer les lèvres de la vulve.

b.) Avortement répété. — *Katrah el iskát.* — A. XX, 218 : « Dû à l'into-« lérance ou disposition expulsive de la matrice, ou à son trop d'humidité « muqueuse qui empêche le fœtus d'être retenu dans la cavité utérine. » Pour en empêcher le retour, Abou Bekr conseille les boissons de décoctions de sabine, de lotus aquatique, de noix de galle.

c.) Clapotement vulvaire. — *Kakkakah el-fardj.* — XX, 219 : — C'est par une sorte d'onomatopée que les Arabes désignaient cette infirmité, espèce de clapotement (*kakkakah*), dû à la présence de l'urine ou de l'air dans le vagin. Pour y remédier, ils pinçaient les lèvres de la vulve entre deux bâtonnets de bois.

d.) Impuissance et stérilité. — *Adam el-habl.* — A. XX, 218 : — Causes : rigidité de la matrice, incurvation de la verge.

Traitement : introduction dans le vagin de laine imbibée d'huile de jasmin ou de fiel de loup, castoréum, musc, etc. Invocations.

II. — Maladies des mamelles

1°. — MAMMITE

Les Arabes en distinguaient deux espèces : *Tedjmîl el-lèben* (engorgement laiteux). — A. XXIII, 247. — *Ihlikân el-dem* (engorgement sanguin) : — caractérisées toutes deux par une tuméfaction chaude, plus ou moins résistante, et la dilation des veines mammaires. Saignées à la jugulaire. Cataplasmes divers.

2°. — INDURATION DES MAMELLES

Waram el-tédiyéin. — A. XXIII, 247 : — D'après Abou Bekr, cette affection différerait des mammites, en ce sens que les mamelles ne donnent pas du tout de lait. Elle était la conséquence de crevasses, de contusions, plaies, etc., etc.

3°. — PARALYSIE DES SPHINCTERS DE LA MAMELLE

Idrâr el-lèben (perte laiteuse).— A. XXIII, 248.— Ce n'est pas, à proprement parler, une maladie, dit Abou Bekr, mais cet écoulement spontané du lait paraît avoir quelque chose de roturier et de bas qui déplaît : « surtout « quand le cavalier a sa monture dans les rues, les marchés, les places publiques ». Cette tare, ajoute-t-il, est la conséquence du relâchement des mamelons ou de la surabondance du lait.

XII

Maladies de la région du rachis.

A. — Maladies de la région de la tête et du cou.

1°. — TORTICOLIS

Techntdj. — A. VIII, 113 : — Abou Bekr différencie bien cette affection du tétanos. Pour lui, le *techntdj* est une maladie de peu de gravité, limitée aux tendons et muscles du cou, et n'empêchant pas l'animal de manger. Il en attribuait la cause aux refroidissements. Aussi, employait-il les médicaments réchauffants : fumigations ou ablutions chaudes.

2°. — Entorse cervicale

Intwâdj el-rakabah. — A. VIII, 114 : — Pour Abou Bekr, ce n'est pas une luxation réelle d'une vertèbre, car elle déterminerait la mort, mais une entorse cervicale. Pourtant, plus loin, il dit qu'il a observé plusieurs chevaux atteints de cette affection et que peu ont survécu. On abattait le cheval sur le côté correspondant à la partie convexe du cou, et, on pressait de façon à remettre les parties en place; on maintenait en cette position, au moyen d'attelles ou d'éclisses en bois, de tours de bandes.

B. — Maladies de la région du dos et des lombes.

1°. — Mal de garrot

Chânkâh ou *Maktaf.* — A. IX, 119 : — Le *chânkâh* serait le mal de garrot au début, caractérisé par l'apparition, au sommet de l'épaule, d'une tumeur de la grosseur d'une orange amère. C'est peut-être aussi une sorte d'éponge, d'induration des tissus, due à l'étroitesse de la voûte du bât et à la pesanteur des fardeaux. — Le *maktaf* est le mal de garrot proprement dit, avec nécrose des apophyses des vertèbres. L'auteur dit, en effet, qu'il est de toute nécessité d'extraire les fragments osseux afin de prévenir les désordres qui résulteraient de leur présence dans la plaie. Dans le premier cas, on y remédie en creusant une loge dans la garniture du bât à l'endroit correspondant à la tumeur. Dans le second, le traitement est le même que celui employé pour les blessures de harnachement.

2°. — Blessures de harnachement

Akour. — *Kabsah min el-serdj.* — A. XXVI, 260. — *Harak* (Écorchure). — I, 142 : — Ce sont des lésions produites par la selle, accompagnées d'un gonflement local, qui, si on n'y remédie, ne tardent pas à s'aggraver; d'où suppuration, mortification de la chair, fistules. Ces dénominations peuvent du reste également s'appliquer au mal de garrot, qui, d'après Ibn al Awam, est l'affection la plus grave des blessures par harnachement. Dans les cas simples, on se borne à pratiquer des dépressions dans la selle, mais quand il y a nécrose il faut extraire les chairs mortifiées. Si l'os est attaqué, il n'y a pas de guérison possible, car, quand bien même on tenterait de traiter l'animal en enlevant ce qui est attaqué, « le garrot se

« trouve de ce fait si déformé, que, si par hasard on obtenait la guérison,
« l'animal resterait contrefait, sans que jamais un retour à un état parfait
« soit possible. »

3°. — Effort de reins

Inhilâl el-soulb. — A. XXV, 255 : — Le diagnostic, suivant Abou Bekr,
en est facile. « A chaque fois que le cheval essaie de marcher, vous le
« voyez mouvoir ou porter l'arrière-main à droite et à gauche, de telle façon
« qu'il semble près de tomber. S'il est couché, il lui est impossible de se
« lever. » Comme traitement il conseille des emplâtres de poix sur les reins
et la suspension de l'animal, d'après le procédé usité en pareil cas (Voir :
Chirurgie).

4°. — Zawâl ou Barkah

A. XXV, 256 : — L'auteur est assez laconique ; il indique seulement les
symptômes suivants : « détournement léger d'une épine vertébrale qui se
« trouve un peu déviée de sa position rigoureuse, conséquence d'une glis-
« sade, d'une chute. » — Plus loin, il ajoute que ce n'est qu'un simple
tiraillement ou déplacement qui n'a agi que sur une des épines vertèbro-
lombaires, et n'a occasionné, par suite, qu'une gêne vague dans les mouvements des lombes. — Qu'est-ce que cette affection, qu'Abou Bekr considère
comme moins grave que l'effort des reins et la maladie suivante?

5°. — Rih el-sawas (Coup d'air ou de vent aux lombes.)

A. XXV, 255 : Nous ne pouvons pas davantage déterminer cette autre
maladie, caractérisée par les symptômes suivants : « Lorsque l'animal est
« couché et veut se mettre sur les jambes, il se lève sur les membres anté-
« rieurs, et l'arrière-train reste appuyé sur le sol et ne peut se dresser
« debout qu'à grand'peine. »

C. — Maladies de la région de la queue.

1°. — Fracture ou luxation

Kasr el-zanab. — A. XXIV, 251 : — Affection facile à voir, dit Abou
Bekr, mais difficile à traiter en raison de l'épaisseur des crins. De plus,
il reste une difformité repoussante qui fait perdre à un cheval de prix
beaucoup de sa valeur. Remettre les os en place et assujettir avec des
attelles. Renouveler le pansement tous les trois jours.

2°. — Déviation de la queue

Azl. — A. XXIV, 251 : — Il est à noter ici l'opération de la queue à l'anglaise, myotomie coccygienne, dont Abou Bekr décrit le manuel opératoire. Inciser la peau à l'origine de la queue, la détacher des parties sousjacentes et couper les deux faisceaux charnus, situés de chaque côté du coccyx (muscles coccygiens) ; puis rapprocher les lèvres de la plaie et appliquer un bandage.

3°. — Gale ou phthiriase

C'est probablement à l'une ou l'autre de ces affections qu'il faut rapporter : 1° Les démangeaisons. I, 165. — 2° La chute des crins. A. XXIV, 252. — 3° Le *Cha 'r el-zakar* (crins durs). A. XXIV, 251 : Caractérisé par des crins rudes, raboteux, comme des soies de porc, dus sans doute aux frottements.

XIII

Maladies des oreilles.

1°. — Surdité

Caman. — *Tarch.* — *Tharosch.* — *Athrousch.* — A. III, 52. — I, 45 : — Il est facile, disent Ibn Hazem, Mousa Ben Naçr, Abou Bekr, de reconnaître le cheval atteint de ce vice, pour ainsi dire incurable, s'il est congénital. Les oreilles sont penchées en arrière et le cheval ne les redresse pas au moindre bruit. Le traitement consistait en injections de corps gras, d'essences, dans les oreilles, si la surdité était due à l'obstruction du conduit auditif. Les Arabes s'accordent à reconnaître que c'était chez les chevaux de robe pie que la surdité s'observait le plus fréquemment, mais ils n'en indiquent pas la cause.

2°. — Tumeurs. — Polypes

Ehltladjah (myrobolan). — A. III, 53. — *Ililadj.* — I, 140 : — Tumeur offrant quelque ressemblance avec le fruit du balanites ægyptiaca, ou celui du gland myrobolan (ehliladj). Elle est ordinairement située à l'intérieur de l'oreille et ne paraît extérieure que quand, par suite du développement, elle déborde hors de la conque. Cette tumeur a des tendances à grossir et à s'abcéder. Le traitement consistait à appliquer des onguents maturatifs ou des cataplasmes pour la ramollir ; puis on l'excisait avec le rasoir de façon à n'en laisser aucune trace.

3°. — Otite. — Catarrhe auriculaire

Kouroûh el-ouzoun. — A. III, 53. — *Al-Qourouh*; *Al-Naçour*, I, 138, 140 : — Ces dénominations peuvent s'appliquer à diverses affections profondes de l'oreille (catarrhe, fistules, etc.), caractérisées par l'accumulation dans l'intérieur de l'oreille d'humeurs de natures diverses, et, la présence d'ulcérations.

Instillations d'huile de nymphæa, de costus et de safran ou d'alun, miel et eau. Pour Ibn-al-Awam le *al-naçour* serait une fistule de l'oreille à laquelle on remédierait par l'application d'une mèche ou par la cautérisation.

4°. — Abcès de la conque

Dâ-el-fàrah. — A. III, 53 : — Le dâ-el-fârah (mal de souris) est un abcès de la conque. En voici les symptômes : tumeur de la grosseur d'une banane, tête basse, yeux enflés, douleur violente de l'oreille. Le traitement consistait en onctions maturatives et dans la ponction de l'abcès, qu'on cautérisait à l'entour.

5°. — Hekkah.

A. III, 53 : — Il nous paraît difficile de déterminer cette affection qui attaque les deux oreilles, d'où sort du sang chaque fois qu'on veut les nettoyer, les dépile et en détermine le gonflement. Ce sont probablement des dartres ou des crevasses.

6°. — Extraction des corps étrangers

A. III, 53 : — On s'aperçoit, disent les Arabes, de la présence de corps étrangers (pierre, noyau, etc.) dans l'oreille, quand le cheval agite et secoue presque continuellement la tête, et renverse les oreilles, comme s'il cherchait à se débarrasser d'un corps étranger. Pour le retirer, ils prenaient une mèche de coton ou de papier qu'ils enduisaient de pâte molle et qui, introduite dans l'oreille, permettait d'attirer le corps étranger. D'autres employaient un autre procédé. Ils versaient de l'huile dans l'oreille, puis, au moyen d'un tube de roseau, l'aspiraient en même temps que le corps tombé à l'intérieur.

XIV

Maladies des yeux.

1°. — Orgeolet et Chalazion

Dâ el-choayrah. — A. IV, 60-61. — I, 121 : — Élevure en saillie sur le bord des paupières, surtout de la paupière supérieure, et, semblable au *charnik*, orgeolet de l'œil de l'homme. Paupières tuméfiées. Écoulement abondant de larmes. Embrocations diverses sur l'œil. Les anciens employaient un singulier moyen, ils arrachaient la tête d'un hippobosque, et, avec le corps, frottaient le bord de la paupière.

2°. — Blépharite

Silâq ou *Anboussimâ.* — I, 117. — Caractérisée par la perte des cils.

3°. — Fistule lacrymale

Nâçour. — A. IV, 61 : — Le naçoûr ou fistule se présente ainsi d'après Abou Bekr : « Le grand angle de l'œil, rougeâtre, paraît comme déprimé. « Il s'écoule de la matière et des larmes en abondance. Néanmoins, l'œil est « sain, sans trace de tuméfaction ni de rougeur. » Saignée à l'angulaire de l'œil. Collyres variés.

4°. — Tumeur de la caroncule

Toûtah (mûre). — A. IV, 61. — I, 119 : — Tumeur mûriforme qui pousse sur la caroncule (*noukmah*) et qui, en se développant, peut couvrir l'œil entièrement. Abou Bekr conseille pour y remédier, d'abattre le cheval, de retourner les paupières avec des pinces entourées de linge, puis de disséquer la tumeur et de l'enlever par excision ou râclage. Application ensuite de collyres divers.

5°. — Encanthis

Sarâctr (Blatte). — A. IV, 60 : — Le *sarâctr* « excroissance qui saille au « grand angle de l'œil, du volume d'un petit haricot, d'une noisette et « même au delà » est l'encanthis, autre variété de tumeur caronculaire.

Les Arabes y remédiaient par la cautérisation.

6°. — PTÉRYGION OU DERMOÏDE DE LA CORNÉE.

Zoufrah ou *Doufrah*. — A. IV, 60. — *Al-Dhafarah*. — *Ungulah*. I, 118 :
— Espèce de membrane mince, partant de l'angle de l'œil, et ayant l'aspect
du tissu cartilagineux. Abou Bekr croyait que cette affection était plus fréquente chez les chevaux sujets aux coliques. Le premier temps du manuel
opératoire consiste à presser sur l'angle de l'œil jusqu'à ce que le ptérygion
saille au dehors. A ce moment on passe un fil en travers, au moyen d'une
aiguille, on le tire à soi en dehors des paupières, et on l'excise le plus
complètement possible, soit avec un bistouri, soit avec un instrument spécial (voir : Chirurgie). Éviter l'hémorragie qui peut être dangereuse pour la
vie de l'animal ; si elle survient après l'opération, lier les vaisseaux avec un
fil de soie. Collyres divers.

7°. — CONJONCTIVITE AIGUË

Rih-as-Sebel. — *Ryh el-Sabal*. — A. IV, 59. — I, 121. — *Tarfah*. —
Tharfati. — A. IV, 61. — I, 112. — *Qamr*. — A. IV, 60. — I, 116 : — Ce sont
des inflammations de l'œil consécutives aux coups portés sur l'œil, à l'action
de la fumée, des poussières irritantes, à la pénétration de corps étrangers
dans l'œil ou produites par l'éclat de la neige, la réverbération du soleil
(*Qamr*). Yeux injectés, vaisseaux engorgés, paupières rabattues, gonflées,
larmes abondantes. Pointes de feu sur la salière. Collyres variés. S'il y a
présence d'un corps étranger, relever les paupières et l'enlever en passant
sur l'œil le doigt enveloppé d'un linge.

8°. — CONJONCTIVITE PURULENTE

Kamnah ou *Koumnah*. — A. IV, 60. — I, 110 : — Paupières gonflées,
renversées en dehors. Écoulement de matières purulentes. Saignée aux
veines sous-orbitaires. Collyres au blanc d'œuf et borax.

9°. — CONJONCTIVITE GRANULEUSE

Soulâk. — A. IV, 62. — *Al-Djarab*. — I, 120 : — Suivant Al-Açamy,
c'est une affection caractérisée par une espèce de rouille qui occupe l'intérieur de la paupière. Suivant d'autres, ce sont des granulations rudes au
toucher qui affectent la face interne des paupières. Ce sont bien là les
symptômes de la conjonctivite granuleuse. On y remédiait par l'application
de collyres divers, par des saignées aux veines de l'œil, ou, d'après Ibn
al-Awam, par le grattage des granulations « avec un instrument en fer
« de l'Inde, propre à gratter, ayant la forme d'un petit crochet à fermer les
« portes (*miglaqah*). »

10°. — Ophthalmie interne

Ramad. — A. IV, 59. — I, 112 : — C'est l'ophthalmie proprement dite. Paupières tuméfiées, rouges. Écoulement de larmes, yeux chassieux. Saignées, collyres divers.

11°. — Cataracte et amaurose

Mâ asfar (eau jaune). — A. IV, 58. — *Mâ azrak* (eau bleuâtre). — A. IV, 58. — *Al-Balsour*. — I, 115, 117. — L'eau jaune ou bleuâtre (Abou Bekr), l'eau blanche ou noire (Ibn al-Awam, peuvent s'appliquer à diverses affections de l'œil, notamment à la cataracte, à l'amaurose. Les Arabes considéraient ces affections comme presque incurables et se bornaient à l'emploi de collyres. Dans le cas de goutte bleuâtre (*mâ azrak*), qui correspond probablement ici à la cataracte, Abou Bekr dit qu'un hippiatre lui aurait assuré qu'on pouvait la guérir par la perforation de l'œil. Il décrit le procédé suivant qui n'est autre que l'opération rudimentaire de la cataracte. On effile un rameau sec de saule pleureur, on l'enveloppe de lin fin bien cardé et bien lavé; puis, avec la pointe effilée, on perce l'œil. On plonge ensuite la tige jusqu'à l'eau bleuâtre qui imbibe le lin. On applique après des collyres.

12°. — Héméralopie. — Nyctalopie

A. IV, 61. — I, 44, 115 : — *Al-Ahlschi*. — *Al-Ahschaï*, — *Schabkour*, *Chou-Kôur* ou *Choubkoûr* est l'héméralopie caractérisée par la diminution de la faculté visuelle aux approches de la nuit, bien que l'œil soit sain en apparence. Mousa Ben Naçr dit que ce défaut se reconnaît en ce que « si on amène un cheval vers un tapis noir » il y marche sans difficulté. En un mot, c'est un animal à vue faible (*uhscha*). Ce serait peut être aussi la myopie que les Arabes désignent sous le nom de *Kimoûri* ou *Ikmirâr*. Le *Al-Djahr-Adjar* serait la nyctalopie.

13°. — Taches. — Cicatrices de la cornée

Baïad (blanc). — A. IV, 62. — I, 108. — Formation d'une « suffusion « albugineuse, laquelle envahit tout le globe oculaire, en telle sorte qu'il « ressemble à un chaton ou fragment de marbre. » Ibn al-Avam dit que c'est quelquefois une sorte d'ulcération mal guérie. Abou Bekr attribuait cette altération à l'ingestion de la mercuriale annuelle (*halboûb*) que les chevaux trouvent dans le désert.

14°. — Staphylôme

Al-Ghaschawah. — I, 111 : — Ibn-Abou-Hazem dit que c'est une excroissance qui se manifeste sur la prunelle, excroissance qu'on peut comparer à une perle. Collyres divers.

XV

Maladies de la peau et des tissus sous-jacents

1°. — Taches de ladre

Baras. — A. I, 10 : — Le *Baras*, que Perron, traducteur du *Nâçeri*, traduit par lèpre, n'est que l'apparition de taches de ladre à des endroits spéciaux, tels que : paupières, anus, vulve, nez, pourtour des yeux. Rien d'étonnant donc que les Arabes osent considérer cette altération comme incurable. Néanmoins les traitements préconisés sont extrêmement nombreux, et pour la plupart fantaisistes.

2°. — Urticaire. — Échauboulure

Charâ. — A. I, 12 : — Caractérisée par l'apparition subite d'élevures, de vésicules ou boutons. Parfois même, dit Abou Bekr, le corps se gonfle et les animaux succombent. Peut-être veut-il parler par là de la complication consécutive au brusque transport des élevures sur l'intestin. Comme traitement il recommande les saignées à la jugulaire et les onctions adoucissantes.

3°. — Porreaux. — Verrues. — Tumeurs

Tawâlîl ou *Atâlîl*, *Toûlah*. — A. I, 13 : — Facilement reconnaissables, dit Abou Bekr. Leur lieu d'élection est les lèvres, le ventre, les parties génitales et la région anale. Pour s'en débarrasser, on les lie à la base avec un crin de cheval et on attend qu'elles tombent d'elles-mêmes. On cautérise ensuite la plaie primitivement occupée par la verrue. Pour les verrues de petite dimension, on se bornait à les exciser avec une tenaille ou bien on les cautérisait au moyen d'une chandelle allumée.

4°. — Tumeurs mélaniques

Harzaûn. — A. I, 16 : — Ce sont des nodosités de grosseur variable, situées sous la queue, sur le trajet des jugulaires, ne s'excoriant jamais et affectant principalement les chevaux blancs.

5°. — Abcès

Damâmil. — A. I. 13. — *Daran*. — A. I, 16 : — Application d'émollients; après ponction, introduire une mèche enduite de sarcocolle.

6⁰. — Alopécie

Dâ el-Hayiah (mal du serpent). — *Dâ el-Ta' leb* (mal de renard). — A. I, 15 : — Tantôt tous les poils tombent, de sorte que l'animal rappelle le serpent dénudé, ou bien dans le second cas, ils tombent par places élargies, « à la manière dont le renard abime et détruit les semailles dans lesquelles « il se vautre ». C'est probablement l'herpès.

Onctions de graisses diverses, de lion, d'éléphant.

7⁰. — Kamlah ou Kamalah

Poil crépu. — A. I, 14. C'est probablement l'altération des poils consécutive à la phthiriase.

Onctions d'huile.

8⁰. — Plaies

A. I, 16-17 : — Abou Bekr indique les moyens de reconnaître la nature des plaies, qu'elles soient produites par les dents ou les griffes des animaux, par la piqûre des insectes ou des serpents, ou par les armes. Il mentionne aussi la gravité des plaies faites par les animaux, tels que le tigre, le lion, le sanglier, sans doute à cause des grandes pertes de substance. Il cite aussi la gravité de la morsure des chiens enragés dont nous avons parlé à propos de la rage.

———

I. — Plaies faites par les Animaux.

a.) — Blessures faites par le lion (*Djerah el-Sabou'*) :

« Gardez-vous de rapprocher les bords des plaies, quelques grandes « qu'elles soient; n'y appliquez point de bandages; ne les saupoudrez avec « rien qui, par sa quantité, empêcherait les matières de s'écouler; vous « tueriez le cheval. »

b.) — Blessures faites par le tigre (*Djerh el-Nimr*) :

Les chairs ont une teinte jaunâtre; le sang est tantôt noir, tantôt bleuâtre, livide. Laver à l'eau fraîche additionnée de soude ou avec l'eau d'endive ou de laitue.

c.) — Blessures produites par le sanglier.

Reconnaissables à leur profondeur et l'hémorragie. — Remplir la plaie de terre ou d'aristoloche pulvérisée, additionnée de miel.

d.) — Piqûres de serpents venimeux :

Caractérisées par une horripilation générale, le gonflement des membres, des yeux, le grincement de dents, la chute des crins de la tête, de la queue, et, l'odeur putride nauséeuse du corps. — Faire avaler une décoction de poivre, costus et sirop d'agalloche, ou bien thériaque, etc. Du reste, ajoute Abou Bekr, peu d'animaux piqués échappent à la mort.

e.) — Piqûres de scorpions (*Laçah el-Akrab*) :

Décelées par un gonflement dur, résistant au point d'inoculation, plaintes continues, agitation, difficulté de se relever quand l'animal s'est couché.

f,) — Piqûres de guêpes, mouches, taons :

Frictions de vinaigre.

g.) Morsures de belette.

II. — Plaies produites par les armes.

A. I, 16. — (Sabres, flèches, traits). Ces blessures ne sauraient être méconnues, dit Abou Bekr. Si la blessure est faite par un instrument tranchant, rapprocher les bords de la plaie et faire une suture avec une aiguille courbe, tout en laissant, entre chaque point de suture, un intervalle d'un doigt au moins. S'il y a hémorragie, appliquer des hémostatiques. Appliquer ensuite des poudres qui favorisent la dessiccation et la cicatrisation.

Dans le cas de plaies par armes piquantes, il faut débrider l'ouverture, surtout si le fer du trait ou de la flèche a des pointes rebroussées ou tournées en arrière. Il faut donc, dans ce cas, en pratiquer l'extraction. Si la pointe est cassée et fichée profondément dans les chairs, il faut l'extraire au moyen de pinces à mors allongés, après avoir débridé largement l'ouverture.

S'il y a suppuration, on met une mèche de coton ou de papier imbibée d'onguent, en ayant soin de renouveler le pansement tous les jours pour éviter la formation de fistule.

III. — Brûlure.

Hark el-Nâr. — A. I, 17 : — Est facile à distinguer, dit Abou Bekr. Le plus souvent il y a des phlyctènes, quelquefois même la peau est brûlée. Les traitements indiqués sont nombreux, nous mentionnerons les principaux :

Onctions d'eau et d'encre.

    dᵒ   de limon du Nil.

    dᵒ   d'eau de rose, camphre, blanc de plomb.

    dᵒ   de santal rouge, camphre, blanc d'œuf, argyrite, huile de rose.

Mais, dit Abou Bekr, rien n'est préférable à l'application de feuilles fraîches de figuier pilées ou de blanc d'œuf.

XVI

Maladies contagieuses, épidémiques
ou infectieuses.

———

1°. — MORVE. — FARCIN

Kould. — *Sak'awah.* — A. VII-X-XVIII, 97-137-200. — *Iklah* (érosion,
mal rongeant) — A. I, 14 : — Sous ces noms les Arabes identifiaient plusieurs affections, telles que : la morve, la lymphangite farcineuse, la gourme
et peut-être même le farcin d'Afrique. Cependant, la plupart des symptômes
se rapportent à la diathèse morvo-farcineuse. C'est bien de la morve, dont ils
veulent parler, quand ils mentionnent le jetage et la tumeur, dure au toucher, « semblable à une glande légèrement tuméfiée » située sous la ganache. L'*Iklah*, ulcérations rongeantes, de l'espèce la plus maligne, la plus
réfractaire, est bien le farcin.

C'est bien à la lymphangite farcineuse qu'il faut rattacher ces *racines* ou
traînées, inégales, noueuses, qui rampent sur les joues, le long de l'encolure, du poitrail, des membres (*Kould* mâle ou bénin), s'ouvrant quelquefois
et laissant écouler un liquide jaune, ayant l'aspect du miel (*Kould* femelle
ou malin).

Abou Bekr distinguait quatre sortes de *Kould*, suivant le siège qu'ils occu-
paient : *Kould* de la tête, *Kould* du poitrail, *Kould* de la cuisse (*fâkiz*), *Kould*
volant (*taïiâr*). Le traitement était le même pour toutes les espèces. Il
consistait dans l'extirpation des glandes et des cordes, en ayant bien soin
de ne pas léser les vaisseaux; puis en cautérisations profondes et superfi-
cielles.

2°. — CHARBON

Dâ el-Bakar (Mal de vache). — A. XIX, 209. — I, 160. — *Zibah* ou
Dibah. A. X, 138. — *Al-Dsibâh*. — I, 135 : — L'évacuation d'un flux diarrhéique excessif, l'expulsion de matières stercorales, boueuses, noirâtres,
d'une grande fétidité, sont les seuls symptômes mentionnés à propos du
dâ el-bakar. Nous pensons qu'ils doivent s'appliquer à la congestion intestinale et surtout au charbon. Du reste, tous les auteurs sont d'accord pour
déclarer que cette affection est incurable et que « rarement elle fait grâce ».

Quant au *Zibah*, c'est la forme œdémateuse, la forme à tumeurs caracté-
isée par l'apparition d'une tuméfaction considérable, envahissant tantôt

la gorge, tantôt le poitrail, tantôt enfin d'autres parties du corps de l'animal. En raison de la gravité de cette affection les remèdes les plus bizarres ont été préconisés : suspension au cou du cheval d'un rat extrait du ventre d'un serpent.

Les anciens ouvraient la tumeur et la cautérisaient profondément, mais Abou Bekr n'était pas partisan de ce mode de médication, et préférait recourir aux adoucissants. Il ajoute toutefois qu'il a vu beaucoup d'animaux succomber au *zîbah.*

3". — DOURINE

Badjal (Catarrhe vaginal). — *Halak.* — *Kichâr* (Desquamation du pénis). — *Waram el-Zèker wa el-Kibb bi-l'-Badjal* (Écoulement du fourreau. — *Halq.* — *As-Sahdj.* — A. XX, 217. — XXI, 230. — XXII, 234. — I, 160-161 : — Toutes ces dénominations se rapportent à la dourine, dont voici les symptômes, mentionnés par Abou Bekr et Ibn al-Awam.

Chez l'étalon. — Squames noirâtres, analogues à des écailles de poisson qui se détachent du pénis. Fourreau excorié, boursouflé, tuméfié.

Chez la jument. — Gonflement et déformation de la vulve, teinte jaunâtre ou bleuâtre de la muqueuse vaginale, écoulement d'un liquide par la vulve. Les Arabes insistent surtout sur le caractère contagieux de cette maladie transmissible par le coït.

Ils la considéraient comme une affection très grave, et mettaient tout en œuvre pour la guérir. Injections astringentes, aliments alibiles pour éviter l'amaigrissement, lavages du pénis et de la vulve, fomentations diverses. Certains palefreniers, dit Abou Bekr, cautérisent toutes les articulations, d'autres enfoncent un cautère en pointe à la base de la queue. Il a vu encore, ajoute-t-il, opposer à ce mal une médication dangereuse : « on « entailla le fourreau gonflé avec la pointe d'un bistouri, puis on frotta la « plaie avec du sel, et le lendemain on appliqua un emplâtre résineux chaud. « A la suite, les incisions s'ouvrirent et il s'en échappa une sérosité jaunâtre « Le mal disparut. » Malgré tout, Abou Bekr ne conseille pas de recourir à ce mode de traitement, car un cheval opéré de la même manière, succomba.

4°. — GALE

Djarab. — A. I, 11 : — Sous ce nom les Arabes ont confondu bien des affections de la peau, notamment la phthiriase. Néanmoins, le siège du mal, sur tout le corps, à la crinière, au toupet, à la queue, la dépilation, le suintement séreux, jaunâtre, sont des symptômes qui peuvent se rapporter à la gale. Son caractère contagieux n'avait pas échappé aux Arabes qui recommandaient de mettre l'animal galeux à part.

Quant aux traitements, ils étaient nombreux, car, dit Abou Bekr, « la
« maladie est des plus difficiles à traiter, des plus réfractaires à la guérison,
« si l'on ne rencontre pas un hippiatre qui sache la conduire avec sagesse
« et précaution et qui la médicamente habilement. »

Saignées abondantes. onctions et frictions diverses (lessive, soude, soufre,
feuilles de laurier-cerise).

5°. — RAGE

Addet el-Kalib (Morsure de chien enragé). — A. I, 18, 44 : —· Abou Bekr
connaissait parfaitement le mode de contagion de la rage, car avant même de
parler des symptômes, il commence par dire que la morsure du chien enragé
entraine la mort de l'homme et des animaux. Il signale comme symptôme
dominant « l'horreur de l'eau » sans en donner l'interprétation.

« Le cheval enragé, ajoute-t-il, a un aspect d'hébétude ; la peau est en
« horripilation ; les pupilles semblent troubles. Il arrive quelquefois que le
« cheval mord son licou, sa mangeoire, tout ce qui se trouve ou vient
« auprès de lui. »

Abou Bekr et les anciens hippiatres considéraient cette affection comme
incurable ; « il n'y a plus qu'à égorger l'animal ». Néanmoins, les traitements
les plus nombreux et les plus disparates ont été formulés. Une des meilleures
indications est celle qui consistait à mettre l'animal dans l'obscurité.

6°. — TÉTANOS

Kaçar. — Temeddoud. — Wadj ' el-Kiçah. — A. VIII, 112. — XXXIII, 303 :
— C'est bien du tétanos dont il est ici question. Encolure raide, comme
d'une seule pièce. Mouvements de flexion impossibles. « Si votre main
« pousse un peu en haut l'encolure du malade, les yeux se portent en
« haut, à tel point que la cornée plonge sous l'orbite », Inappétence, impossibilité d'ouvrir la bouche. Tel est le kaçar.

Quant au *Wadj ' el-Kiçah*, c'est le tétanisme du maxillaire, caractérisé
par le trismus, et déclaré incurable par les Arabes.

Comme causes principales, Abou Bekr mentionne le froid et surtout les
plaies de toutes natures : écorchures, plaies du dos, enclouure.

Traitements nombreux. Fumigations d'absinthe. Tenir chaudement l'animal, l'enfouir même dans le fumier pendant 7 jours, afin de provoquer des
sueurs abondantes. Cautérisations diverses.

7°. — GOURME

Sakawah. — A. VII, 98. — *Dû el-Kanâzir,* — A. VII, 99. — I, 121 : —
Nous avons décrit précédemment le *Sakawah* comme étant la morve ;
mais, parmi les symptômes mentionnés nous en trouvons plusieurs qui

peuvent s'appliquer à la gourme. Tuméfaction des ganglions de l'auge, déglutition difficile, jetage purulent. Il faut également rattacher à la diathèse gourmeuse, le *dâ el-Kanâztr* (mal des porcs) qui se déclare principalement chez les poulains et dont les symptômes principaux sont : l'apparition de tumeurs dures sous la ganache et d'un jetage plus ou moins abondant.

Dans les deux cas, le traitement consistait en émollients ou maturatifs, et dans l'extirpation des ganglions tuméfiés.

8°, — Avortement épizootique

Katrah ou *el-Iskât* (avortement répété). A. XX, 218 : — Avortements dus, suivant Abou Bekr, « à ce que l'humidité des muqueuses de l'intérieur « de la matrice laisse glisser et échapper le fœtus devenu déjà assez « pesant ». Pour empêcher cet accident, il conseille de donner un peu de sabine ou une décoction de poivre et de gingembre.

9°. — Épizootie de l'Yémen

A. XXVIII, 275 : — L'auteur du *Kitâb el-Akouâl* parle d'une épizootie qui sévissait dans l'yémen, en l'an 728 de l'hégire (1327-1328), et fit périr un nombre incalculable de chevaux et mulets.

« Personne alors ne sut la reconnaître et la caractériser, et aucun livre « ou traité d'hippiatrie, reçu des époques passées, n'en retrace les données « distinctives. »

En voici les symptômes. « Pas de symptômes précurseurs, l'animal était « soudainement frappé ; il était debout à manger, et, soudain, quelque « chose lui échappait des narines, il s'en écoulait comme une matière de « mucus, l'animal baissait la tête vers le sol un moment, et il n'avait plus « la force de se relever ; il tombait mort. Parfois il se convulsionnait pen- « dant quelques moments et expirait. »

Comme preuve de la marche parfois foudroyante de cette maladie inconnue, l'auteur cite un exemple observé à la grande foire d'Aden, où quantité de chevaux périrent. « Là, deux individus étaient-ils à débattre « entre eux le prix d'un cheval, pendant le débat, la maladie frappait le « cheval, et il tombait mort avant qu'on ait eu le temps de conclure le « marché. »

Cette affection était tellement contagieuse que certaines personnes, qui avaient acheté des chevaux à cette foire, transportèrent cette maladie chez eux où elle fit de grands ravages. Aussi, pour ne pas s'exposer au retour de pareilles calamités, avant de conclure un marché, les acheteurs relevaient la paupière supérieure des chevaux qu'ils marchandaient, et refusaient tout cheval dont la conjonctive avait une teinte jaunâtre.

B

PATHOLOGIE DES AUTRES ANIMAUX DOMESTIQUES

I. — Pathologie du dromadaire.

Vallon, dans son « Mémoire sur l'histoire naturelle du dromadaire » (Rec. de mém. et obs. sur l'hygiène et la médecine vét. milit., 1856, T. 7), dit, à propos des maladies de cet animal (p. 585) : « Chez les Arabes, la médecine « du dromadaire est beaucoup plus en arrière que celle du cheval. Leurs « connaissances en pathologie ne s'étendent pas au delà du nom et des « symptômes les plus saillants de six ou huit maladies. »

Abou Bekr n'en fait pas mention. Ibn al-Awam y consacre à peine quelques lignes et, encore, la plupart de ses observations sont-elles puisées dans Aristote. Mais dans le *Kitâb el-Akouâl el-Kâfiah wa el-Fouçoul el-Châfiah* qui fait suite au *Nâcerî*, et qui traite de l'élevage des animaux domestiques, se trouve un long chapitre sur l'élevage du dromadaire où sont énumérées une vingtaine de maladies.

I. — Maladies de l'appareil digestif.

1°. — INDIGESTION INTESTINALE AIGUË

Nâfâk. — A. 396 : — Ventre enflé, tendu. Météorisme déterminé par l'ingestion de certaines plantes ou de jeunes pousses végétales.

Diète absolue. Décoctions de tamarin en boissons. Cautérisations des hypochondres ou de la région ombilicale par trois lignes de feu.

2°. — TAILLE DES CANINES

Kat' el-Nâb. — A. 398 : — Cette taille se faisait au moyen d'une lime tranchante, à la base des canines, dans le but d'obtenir un écartement, quand celles du haut et du bas se touchaient.

II. — Maladies de l'appareil urinaire.

RÉTENTION D'URINE

Hosr. — A. 397 : — Introduire le doigt, enduit de suc de zizyphus nabeca, dans le canal uréthral et retirer le corps étranger qui s'oppose à l'écoulement de l'urine. Si malgré tout la miction ne se fait pas, donner en boisson de l'urine et du vin.

III. — Maladies des voies respiratoires.

Toux

Soûl. — A. 399 : — Introduire dans les narines de l'huile de sésame chauffée. Onctions sur la tête.

IV. — Maladies des membres.

1°. — Bleime

Bourâm (enflure des extrémités). — A. 399 : — Résultat de coups, atteintes, etc.

Enduire le pied malade de terre végétale et de vinaigre. Si le mal ne se dissipe pas, appliquer un emplâtre maturatif, puis ouvrir avec la lancette, faire évacuer toute la matière purulente et remplir la cavité de sel et de coquilles d'œufs pilés (Bleime suppurée).

Vallon (p. 600), a observé souvent cette affection, et, dit qu'elle occasionne parfois des ravages considérables. Il n'est pas rare de voir le pus décoller la moitié de la semelle de corne et se faire jour au talon.

2°. — Hafâ (Pourriture du pied).

A. 397 : — Cette affection n'est peut-être qu'une complication de la bleime suppurée. Peut-être aussi a-t-elle quelque analogie avec le « crapaud ». « Elle a pour cause le trop long séjour au *manâk* ou lieu où l'on tient les « chameaux accroupis. Alors le pied se gâte et se dégrade, se prend de « pourriture, les vers s'y engendrent et l'animal ne peut marcher. »

Les Arabes, pour remédier à ce mal, cautérisaient le paturon et enlevaient les parties mortifiées jusqu'au vif, puis appliquaient un pansement de goudron, d'huile de sésame et de graisse, afin d'amener la dessiccation.

3°. — Usure de la corne. — Inflammation du coussinet plantaire

Zahrah. — A. 396 : — Caractérisée par la présence d'un abcès « dans la « pelote qui forme l'extrémité du membre » et qui fait boiter l'animal. A maturité, percer avec un bistouri, pour donner écoulement au pus, et, appliquer un pansement de beurre chaud, oignon cuit et goudron.

4°. — Mollettes

Harar. — A. 395 : — Tuméfaction indolore de l'articulation du boulet, due à l'accumulation d'eau.

Cautérisation. Trois raies de feu perpendiculaires au membre

5°. — Exostose du genou

Malah ou *Meleh.* — A. 396 : — Appliquer trois raies de feu perpendiculaires.

6°. — Œdème du paturon

Tersir. — A. 399 : Deux tours circulaires de feu autour du paturon.

7°. — Écart de l'épaule

Fakk el-Mankib. — A. 399 : — Survient à la suite d'une chute. Cautérisation.

8°. — Entorse. — Luxation

Osrah. — A. 400 : — Pour y remédier on faisait tourner le dromadaire en cercle, soit en l'employant au pressoir ou à manœuvrer la machine à tirer de l'eau.

———

V. — Maladies de la région du rachis.

Blessures de harnachement

Dabar. — A. 401 : — Mal de garrot. Plaies du dos, du poitrail. Faciles à guérir, on n'a recours à la cautérisation que dans les cas graves.

———

VI. — Maladies des yeux.

Nyctalopie

Achwan. — A. 392 : — Vue n'apercevant que le soir et la nuit. Due à un trop long séjour à l'étable. Saignée aux veines sous-orbitaires, et, si cela ne suffit pas, à la jugulaire. Vallon dit que les maladies d'yeux sont fréquentes sur ces animaux.

———

VII. — Maladies diverses.

1°. — Abcès

Kourrâdj ou *Dammal*. — A. 398 : — L'ouvrir quand il est mûr et emplir la cavité de sel et de coquilles d'œufs pilées. Si l'abcès revêt un caractère inquiétant, cautériser.

Vallon dit que les dromadaires sont très sujets aux abcès.

2°. — Échauboulure

Kafz el' Dem. — A. 392 : — Apparition de boutons sur le corps, due à la pléthore. Saignée à la jugulaire; saigner jusqu'à ce que la couleur ou facies de l'animal s'éclaircisse.

3°. — Vertige essentiel

Saratân. — A. 392 : — Désigné par Vallon sous le nom d'*el-Hemiah*. Le dromadaire atteint de cette affection présente les symptômes suivants : Mouvements continus de la tête, des yeux et des lèvres; inappétence. Livré à lui-même, il va furieux en avant, tombe, se relève, etc. Cautérisations sur la face, le nez, la nuque, l'encolure, aux hypochondres, sur le ventre, etc. Isolement du malade. Diète. Frictions diverses.

4° – Insolation. — Coup de chaleur

Horâk. — A. 394 : — Conséquence d'une course pénible sous une température élevée. Flancs retroussés, débilité, alanguissement. L'animal se couche et refuse d'avancer.

VIII. — Maladies contagieuses.

1°. — Gale

Djarab. — A. 395 : — La gale, si on en croit les auteurs arabes, était une maladie très commune chez les dromadaires qui en étaient presque tous atteints. S'ils l'attribuaient en grande partie au défaut de soins de propreté, ils ne méconnaissaient pas son caractère contagieux, car, parmi les causes invoquées, ils mentionnaient « le séjour avec d'autres dromadaires galeux, « ce qui fait que la maladie se transmet ».

Le traitement consistait en frictions avec des corps gras, graisses, huiles, beurre. — Saignées aux jugulaires dans les cas graves, et onctions avec une pommade soufrée ou du goudron. Vallon dit que, chez les Arabes, le goudron est la base du traitement des animaux galeux.

2°. — Djoucnâr (coup nocturne),

A. 394 : — Nous ne savons dans quel cadre nosologique ranger cette affection qui attaquerait subitement les dromadaires pendant la nuit. Était-ce bien une maladie contagieuse? On pourrait le croire, car l'auteur a le soin de dire qu'on doit « isoler de suite le malade, de peur que sa maladie ne se communique aux autres ». En tous cas, son laconisme dans la description des symptômes : « et au matin l'animal ne veut pas manger, « il est comme brisé, presque sans entrain, abattu », ne nous permet de rien formuler de précis.

3°. — Orr

A. 437 : — Il en est de même du *orr* ou éruption ulcéreuse et contagieuse des lèvres et des pieds. Serait-ce la fièvre aphteuse?

II. — Pathologie des éléphants.

A. VIII, 415 : — Le chapitre relatif aux éléphants est fort court et il y est à peine question de maladies. Il y est dit, entre autres, que les éléphants sont sujets à moins de maladies que les autres animaux. Aux Indes et dans l'Yémen, les cornacs et les éléphantiers, chargés des soins et de la garde de ces animaux, les traitaient également en cas de maladie. L'anecdote suivante le prouve :

Djaûchâr, l'éléphant le plus estimé du kalife, aïeul de l'auteur du *Kitab el-Akoual*, étant tombé malade (683 de l'hégire), celui-ci fit appeler les éléphantiers et les cornacs, réputés pour leur expérience, leurs connaissances des maladies des éléphants. On prescrivit des quintaux d'*aylazadj*, sucre ou pains coniques de sucre (c'est-à-dire de sucre le plus raffiné) et aussi des frictions d'essence de rose, de santal.

Mais il s'agissait là d'un éléphant de prix, pour lequel on ne regardait certainement pas à la dépense.

En général, dit l'auteur du *Kitab el-Akoual*, quand un éléphant était malade, les cornacs se bornaient à lui apporter le plus d'espèces possible de plantes. Ils croyaient que cet animal savait discerner, en l'ingérant, celle qui lui convenait le mieux pour le mal dont il était atteint. « Le malade, « ajoute-t-il, s'il ne rencontre dans tout ce qui a été déposé devant lui rien « qui lui puisse être médicament, ne touche à rien. »

III. — Pathologie des bovidés.

Abou Bekr n'en parle pas. Ibn al-Awam (l. XXXI, 7) n'en dit que quelques mots et se borne pour ainsi dire à reproduire Aristote. Toutefois, il mentionne la *panique* qui se produit dans les troupeaux à la suite de piqûres de mouches : « quand il est piqué par les mouches, il est pris de folie « furieuse ». Pour éviter ces accidents, il recommande, d'après l'opinion de Cassianus rapportée dans l'agriculture nabathéenne, de frictionner le corps des animaux avec une décoction de feuilles de laurier rose. Plus loin, *Asthahoursis* recommande une amulette pour préserver les bœufs de la peste. (Morceau d'émail d'une dent de vieille chamelle, suspendu au cou du bœuf.)

IV. — Pathologie des ovidés.

Ibn al-Awam (l. XXXI, 11) ne donne sur les maladies des animaux de l'espèce ovine et caprine que des indications fort courtes, tirées en grande partie des Géoponiques. Il cite Cassianus et Kastos, qui recommandaient « d'isoler les brebis malades de celles qui sont saines, de peur que celles-ci « ne contractent elles-mêmes la maladie, parce que ces maladies sont tou- « jours contagieuses ». (Géop. XVIII, 13.)

C'est encore Kastos qui dit que, quand une brebis est atteinte du *qirdân*, il faut la frictionner avec de l'urine de mouton et du soufre. Clément Mullet traduit *qirdân* par Claveau, mais, en l'absence de tout symptôme, nous nous renfermons dans une prudente réserve.

Il est aussi question de la gale et « des altérations morbides du lait », dont il est fait simplement mention.

V. — Pathologie des oiseaux.

Nous ne trouvons rien dans Ibn al-Awam relativement aux maladies des oiseaux, bien qu'il ait assez longuement décrit les règles propres à l'élevage. A peine mentionne-t-il deux ou trois maladies : pépie, maladie du foie, phthiriase, et sans aucune indication de traitement.

On trouverait certainement plus de détails dans les livres de fauconnerie, car les Arabes étaient experts en pareille matière, mais aucun d'eux, jusqu'à présent, n'a eu les honneurs d'une traduction. Nous nous bornerons simplement à les mentionner :

1° *Abou Bekr ibn Soucef el-Cacimi* (Voir : Écrivains vét. et agric., n° 63.)

2° *El-Canun el-Wadhih* (Voir Écrivains vét., n° 86.)
3° *Issa Ben el-Asdy* (d° n° 39.)
4° *Thabit Ben Corra* (d° n° 25.)
5° *Capadanios* (d° n° 93.)
6° *Ebn Ssakar* (d° n° 102.)
7° *Anonyme* (d° n° 98.)
8° *Moamin.*

Moamins arabis de ægritudinibus avium rapacium (5843. Bibl. *regia Parisiensis.* — Montfaucon. Bibl. bibl. mans., T. 2, p. 759.)

Moamin falconariæ (Bibl. *regia Parisiensis.* — Montfaucon. Bibl. bibl., T. 2, p. 756.)

Moamin falconarius de scientia venandi per aves et quadrupedes (Bibl. *reginæ in vaticana.* — Montfaucon. Bibl. bibl. mans., T. 1, p. 37.)

Liber Moamin falconarii de scientia venandi (Bibl. Card. Radulphi, *in regia Parisiensi.* — Montfaucon. Bibl. bibl., T. 2, p. 780.)

IV

Chirurgie.

A. — Opérations générales.

I. — Émissions sanguines.

A. — *Saignée.*

A. T. 2, VII, p. 59. — T. 3. — Préface, p. 1. — I. 209 : — Nous avons vu dans les œuvres des vétérinaires Grecs, l'abus qu'ils faisaient de la saignée. Les vétérinaires arabes, semblent avoir encore renchéri sur leurs devanciers, car, indépendamment des nombreux vaisseaux auxquels ils pratiquaient la saignée, ils indiquaient d'autres endroits riches en capillaires où ils donnaient écoulement au sang par de simples incisions, à la cloison nasale, à la lèvre inférieure, ponction de la luette avec une alène, etc.

1°. — INDICATIONS

Les cas mentionnés sont tellement nombreux dans le cours des ouvrages d'Abou Bekr et d'Ibn al-Awam, que nous ne pouvons les énumérer ici.

Nous attirerons seulement l'attention sur la saignée préventive, qu'ils recommandent de pratiquer chez les chevaux en bon état, tous les trente jours, excepté dans les mois du printemps; et, chez les bœufs de labour, en juin.

2°. — QUANTITÉ DE SANG A TIRER

L'hippiatre, dit Abou Bekr, doit savoir quelle est la quantité de sang à tirer. Cette quantité, du reste, variait suivant les cas, suivant l'âge et suivant les veines où on pratiquait l'émission sanguine. Éviter surtout de dépasser les limites moyennes, car la syncope peut survenir, et même la mort.

3°. — MANUEL OPÉRATOIRE

La saignée se pratiquait de deux manières, soit par incision ou fente, soit par piqûre.

Dans le premier cas, on prenait une lancette d'acier à pointe très fine, qu'on tenait entre le pouce et l'index, ne laissant dépasser la pointe que très peu hors des doigts. On pratiquait ensuite l'ouverture de la veine, en dirigeant l'instrument vers le haut, « et en faisant avec beaucoup de légèreté « et de délicatesse, une incision énergique ».

Pour faire la saignée par piqûre, on se servait d'une lancette à pointe large, emmanchée sur une baguette, de telle façon que le tranchant fasse légèrement saillie au dehors. C'est probablement l'idée primitive de notre flamme.

Il ne faut pratiquer cette saignée, disent les Arabes, que quand on est bien sûr de l'immobilité de l'animal, et ne pas trop se presser de donner le coup de lancette avant d'être bien certain d'être sur le trajet de la veine.

4°. — INSTRUMENTS

Les instruments, dont on se servait, variaient suivant les vaisseaux sur lesquels on voulait pratiquer la saignée :

1° Lancette d'acier à pointe très fine ;

2° *Mibda*, lancette à main pour la saignée des vaisseaux des membres, de l'angulaire de l'œil, de la thoracique ;

3° *Michkâs*, grosse lancette en fer de flèche élargie pour la saignée à l'ars, à la jugulaire ;

4° Lancette petite, légère, effilée, différente des autres, employée pour la saignée des veines de l'œil ;

5° *Alène ou broche turque* pour la ponction de la cloison nasale, de la luette ;

7

6° Couteau courbe pour la saignée du pied. Cet instrument est peut-être le couteau anglais;

7° Lancette très large, à pointe très fine, double de celle des chevaux, pour la saignée chez les bovidés.

5°. — ACCIDENTS CONSÉCUTIFS A LA SAIGNÉE

Thrombus. — Fréquent, d'après Abou Bekr, après la saignée à l'ars ou à la sublinguale.

Lotions d'eau chaude, compresses d'oignon grillé ou cataplasmes de cire, graisse, moelle de pied de bœuf, sel, huile d'olive, poix.

Piqûre de la carotide, dont nous parlerons à propos de la saignée à la jugulaire.

Hémorragie dont nous parlerons à propos des hémostatiques (thérapeutique), ligature des vaisseaux (opération du ptérygion).

6°. — SAIGNÉE CHEZ LES SOLIPÈDES

Dans son livre, Abou Bekr est loin d'être d'accord avec lui-même sur le lieu d'élection des saignées. Dans un chapitre, il énumère 21 veines, dont 10 paires, et, dans un autre 32.

A. — *Saignée à la jugulaire.*

Ouadedj Zâher. A. — *Tawdidj.* 1. — Cette saignée était la plus fréquemment employée. Cependant quelques auteurs ne la conseillaient pas à cause des dangers qu'elle pouvait présenter, tels que, si le coup était porté trop fort : « piqûre de la *veine de l'eau,* d'où mort de l'animal. » Il s'agit bien certainement ici de la piqûre de la carotide.

B. — *Saignée à la saphène interne.*

Abou Bekr désigne cette veine sous deux noms différents, voulant sans doute établir une distinction entre la saphène interne et l'externe *(nawácib et bawâlen).* Ibn al-Awam établit également cette distinction en donnant le nom de *nassiân* à la veine qui occupe la partie interne des cuisses, et, celui de *qabilan* à celle de la partie antérieure. Toute saignée faite en ces endroits était désignée sous le nom de *tafkhids.*

C. — *Saignée à la céphalique ou veine de l'ars.*

Nahir (veines de l'égorgeoir). — Abou Bekr dit qu'elles passent sur le poitrail, l'une à droite, l'autre à gauche, sur le côté de deux saillies ou reliefs musculaires. Cette saignée est dite *taçdir.*

D. — *Saignée à la veine sous-cutanée thoracique ou veine de l'éperon.*

Hâzim ou veines du passage des sangles. — D'après Ibn al-Awam, toute saignée pratiquée dans l'endroit où frappe le talon du cavalier ou dans son voisinage, prend le nom de *tadjenih*.

Serrer le thorax avec une corde pour rendre la veine apparente.

E. — *Saignée à la veine transversale de la face. — (Bâzirink).*

F. — *Saignée à la veine angulaire de l'œil. — (Mahâdjer.)*

D'après Ibn al-Awam, ce serait les *nadhiran* ou voyantes, placées à l'angle de chaque œil. La saignée était dite *takhil*.

G. — *Saignée à la veine auriculaire postérieure.*

H. — *Saignée à la veine linguale. — (Azrà.)*

I. — *Saignée à la veine coccygienne inférieure.*

Adjiz ou *djair* (veines sacrées), à quatre doigts de l'anus. — Lier la queue et la tenir soulevée.

J. — *Saignée à la veine sous-cutanée médiane ou interne.*

Sâfen. — D'après sa dénomination, cette veine semblerait bien être notre saphène, mais il n'y a dans le texte de la traduction des ouvrages d'hippiatrie aucune confusion, aucun doute possible sur sa position. Ibn al-Awam dit que les *sâfen* sont les veines des membres antérieurs, situées, suivant Ibn Abou-Hazem, au voisinage des genoux. Abou Bekr dit de même; mais plus loin il donne le nom de *zâfir* aux veines de la face interne des membres antérieurs.

K. — *Saignée au palais.*

Cette saignée est dite *tahanik*. Même recommandation que celle des hippiatres grecs, à propos des précautions à prendre pour éviter l'hémorragie résultant de la piqûre de l'artère.

L. — *Saignée coronaire. — (Kerdedjâl).*

On promène la main du haut en bas du membre, comme si on voulait faire descendre le sang, puis on enroule une corde de haut en bas de façon à rendre la veine apparente. Abou Bekr dit que cette saignée est imprudente parce que la veine est située sur l'os du boulet; aussi recommande-t-il d'appeler en cette circonstance un habile « phlébotomiseur ».

M. — *Saignée en pince.*

Abou Bekr en donne le manuel opératoire d'après la pratique de son père. Il séchait le plus possible la corne, puis en bas, avec la pointe du bistouri, en détachait un lambeau qu'il relevait sur la paroi antérieure du sabot. La saignée faite, il rabattait le fragment de corne à sa place même, et le sang se trouvait arrêté sans qu'on eût besoin de recourir aux hémostatiques. Cette saignée se pratiquait aussi par incision, avec un couteau courbe, sur la paroi antérieure du sabot.

N. — *Barrement de la veine.*

A. 143, 196. — M. Nocard, dans sa Chronique du *Recueil*, 1888, p. 653, cite une note de M. Lebrun, vétérinaire à Percy (Manche), relative à l'opération du « barrement de la veine » pratiquée par les empiriques de cette région, à propos du vessigon articulaire.

Il est très curieux de constater que ce procédé était déjà connu des Arabes vers le xiiie siècle, peut-être même avant.

Ils incisaient la peau sur le vaisseau dans lequel ils voulaient intercepter la circulation ; puis, quand il était à découvert, ils le soulevaient en passant par dessous une grosse aiguille, *miçallah*, et le liaient avec des crins de l'animal ou un fil de soie. Ensuite ils saignaient ce vaisseau en dessous de la ligature et appliquaient un pansement ; d'autres même en pratiquaient l'ablation.

Cette opération se pratiquait sur le *kanâ* ou grand vaisseau, à quatre doigts au-dessus du genou (probablement la sous-cutanée médiane), dans le cas d'anasarque aiguë ; et, dans le cas de vessigon articulaire, sur la veine du jarret (probablement la saphène, *bawâbecht*).

7°. — SAIGNÉE CHEZ LES BOVIDÉS

La pathologie bovine étant à l'état rudimentaire dans les traités vétérinaires arabes, il n'y a pas lieu de s'étonner si on ne trouve pas grandes indications sur la saignée chez les animaux de l'espèce bovine. De fait elle n'est mentionnée qu'une fois par Ibn al-Awam qui en décrit le manuel opératoire. Il s'agit là de la saignée à la jugulaire.

L'opérateur, après avoir exercé une constriction sur le cou, à l'aide d'une corde, pour rendre la veine apparente, « se tient sur le côté de l'animal, et « non tourné vers la tête, suivant l'habitude, mais vers la queue », puis avec une lancette plus effilée, mais plus large que celle dont on se servait pour le cheval, il ouvrait la veine et en tirait du sang en quantité double de celle qu'on tire aux chevaux.

8°. — Saignée chez le dromadaire

a.) — Saignée à la jugulaire.
b.) — Saignée sous-orbitaire.

B. — *Mouchetures. — Scarifications.*

Mouchetures avec des aiguilles. Mouchetures avec le scarificateur des ventouses. Mouchetures avec le rasoir. Employées dans beaucoup de circonstances, vessigons, capelets, renversement du rectum, maladies de l'épaule, etc., etc.

II. — Cautérisation.

Key. — A. VII : — La cautérisation, déjà fort en honneur chez les Grecs, acquit une nouvelle impulsion chez les Arabes qui en faisaient une sorte de panacée.

Ils furent surtout très inventifs dans les formes à donner aux cautérisations des diverses régions.

Dans le *Nâceri* sont dessinées plus de trente formes de cautérisations.

Les Arabes employaient tantôt la cautérisation en raies, tantôt la cautérisation en pointes.

Des instruments dont ils se servaient, nous avons peu de données; c'étaient des cautères en cuivre ou en fer, des cautères en forme de broche effilée, des cautères boutonnés, des tiges de fer à pointe fine et mousse (*mirqam*).

Ibn al-Awam, I. 200, donne au sujet du manuel opératoire d'excellents conseils que nous allons reproduire en partie.

« Quand on fait sur un cheval une application quelconque du feu, l'habi-
« leté consiste en ce qu'il ne reste point de traces.

« A chaque pointe de feu, on retire la tige de fer de façon que les stig-
« mates de feu ne dévient ni à droite, ni à gauche; ces stigmates seront
« rapprochés et nets. On fait d'abord une empreinte très légère, puis on y
« revient, mais au préalable on aura eu soin de frotter les stigmates avec
« du goudron et du miel.

« Les signes auxquels on peut reconnaître que l'application du feu est
« énergique et suffisante, c'est quand on voit dans l'intérieur du champ du
« bouton de feu une fissure fine. »

La cautérisation dont les Arabes faisaient un si fréquent usage est-elle d'origine arabe? A propos des bleimes, dans une note, le traducteur d'Ibn al-Avam (I. 179), dit ceci : « ensuite on applique la *cautérisation à la franque* ». Avant de conclure il serait nécessaire de bien interpréter ce passage dans la lecture même du texte original.

CAUTÉRISATION PAR DES CORPS EN IGNITION

Graisse de chèvre bouillante, chandelle allumée qu'on laisse suinter goutte à goutte, graisse ou huile en fusion. Employée quelquefois par les Arabes comme cautérisation de certaines régions.

III. — Exutoires. — Sétons.

Abou Bekr (A. VII, 330, complément, A. IX, 132) en décrit deux sortes :

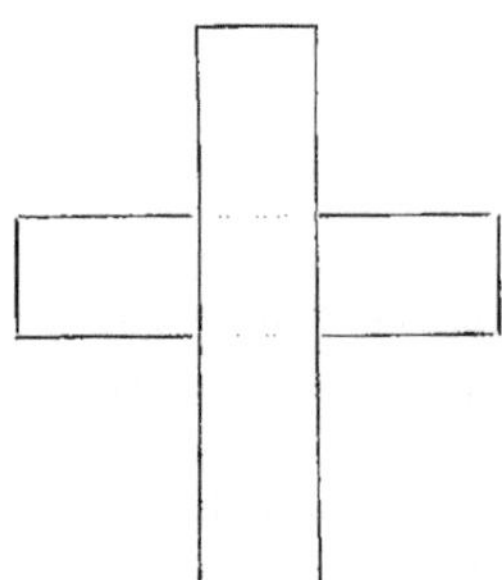

Minchâr (irritateur ou scieur) est notre séton. Les Arabes en posaient ordinairement deux, en croix et indépendants l'un de l'autre. C'étaient des espèces de cordes de grosseur moyenne, tressées avec du crin du cheval, qu'on introduisait sous la peau au moyen d'une grosse aiguille, et chaque matin on irritait le trajet des sétons, en leur imprimant alternativement un mouvement de va et vient à la manière d'une scie pour donner écoulement au pus.

On trouve, dans l'ouvrage d'Abou Bekr, peu d'indications relatives à l'emploi des sétons, ce qui laisse à supposer qu'ils n'étaient pas d'un usage fréquent.

Fetilah (longue mèche) est une mèche enduite d'onguents divers qu'on utilisait de préférence pour les plaies de mauvaise nature, les abcès, les trajets fistuleux. Mèche de coton, mèche de papier, etc.

IV. — Acupuncture.

Introduction d'aiguilles dans la peau, dans certaines maladies de la peau. (A. I. 20.)

Piqûre de la verge avec une aiguille fine dans le cas de paralysie de la verge. (I, 163.)

V. — Ablation des tumeurs.

Avec le cautère, le rasoir, une tenaille en fer, le bistouri ou par la ligature, comme pour l'ablation des verrues ou tumeurs mélaniques.

VI. — Ponctions.

Ponctions d'abcès, d'hydarthroses, etc., etc.

VII. — Incisions.

Incisions diverses, dont nous parlerons dans le chapitre réservé aux opérations spéciales.

VIII. — Sutures.

Suture entortillée, dans le cas de déchirure du rectum. Le rapprochement des lèvres de la plaie s'opérait au moyen de brochettes de corne ou de roseau, *kilâl*, effilées à une de leurs extrémités, arrondies en tête à l'autre, et autour desquelles on entortillait des fils. (A. XX, 221.)

Pour le rapprochement des lèvres des plaies, dans le cas d'éventration, Abou Bekr préconise l'emploi de pinces singulières, pinces animées, vivantes, si l'on peut s'exprimer ainsi.

Prendre plusieurs fourmis solimâniennes ou salomoniennes, les saisir par l'extrémité postérieure, de manière à leur faire ouvrir les mandibules, et, leur faire pincer les deux bords de la plaie rapprochés. Aussitôt après les couper par le milieu du corps, et, la tête restant attachée, elles serrent avec leurs pinces, qu'elles ne peuvent plus détendre, les bords de la solution de continuité. On peut ensuite pratiquer facilement la suture avec l'aiguille cambrée en sabre ou aiguille courbe. (A. XXVII, 270.)

IX. — Bandages.

Il est souvent question de bandages pour maintenir les cataplasmes, les pansements; de bandes ou bandelettes; d'attelles ou éclisses pour consolider les fractures; mais nulle part il n'est question du manuel opératoire, ni des formes à donner à ces bandes faites ordinairement de toile grossière.

Il est aussi souvent parlé d'enveloppes de cuir ou *kouff* pour mettre par-dessus les cataplasmes qui enveloppent le genou (peut-être nos genouillères), pour entourer le boulet afin de prévenir les atteintes; de chausses de cuir, qu'on place sous la sole, et, qui viennent s'attacher au-dessus de la couronne et destinées à garantir le pied malade de l'humidité et des ordures.

X. — Moyens de contention.

a) *Abatage.* — Les Arabes employaient ce mode de contention pour pratiquer certaines opérations chirurgicales : extraction des dents, opération du ptérygion, luxation des vertèbres cervicales, prolapsus de l'utérus, éventration, castration, etc., etc.

Toutefois, Ibn al-Awam (I, 200) recommande d'y recourir le moins souvent possible :

« Gardez-vous bien de renverser un cheval quand vous appliquerez un « traitement quelconque, autant que faire se peut, à moins de grave néces- « sité. »

Il craignait sans doute les accidents qui pouvaient résulter de ce mode de contention, car il ajoute :

« J'en ai vu plusieurs fois défaillir et périr par cela seul qu'on les avait « couchés à terre. »

b) *Suspension.* — Suspension au moyen d'un gros filet en cordes de dattier placé sous le ventre et attaché au plafond dans les cas suivants : fractures, luxations, effort de reins. Pour rendre ce moyen d'assujettissement plus efficace, on creusait un fossé sous les quatre pieds.

XI. — Extraction des corps étrangers des plaies; ligature des vaisseaux pour arrêter l'hémorragie.

XII. — Instruments de chirurgie.

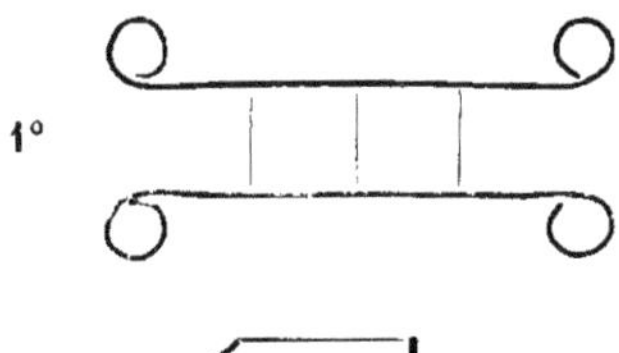

1° *Pas-d'âne* (speculum oris), instrument nommé *souloum*, pour ouvrir la bouche du cheval. (A. 94.)

2° Instrument en fer, pointu, ayant la forme d'une lancette à pointe courte, destiné à l'ablation du ptérygion. (I, 119.)

3° *Djarab*, instrument en fer de l'Inde, propre à gratter, ayant la forme d'un petit crochet à fermer les portes, *miglaqah*, employé pour gratter la face interne des paupières dans la conjonctivite granuleuse. (I, 119.)

4° Instrument pour arracher les dents. (A. VI, 90.)

5° Couteau à sabot ou bistouri pour les opérations à pratiquer sur le sabot. (A. XVI, 189.)

6° Pince à mors allongés ou pince à extraction des fers d'armes enfoncés dans les chairs. (A. I, 39.)

7° Crochets pour l'extraction du fœtus.

8° Bistouri de dépècement ou embryotome, couteau de petite dimension. (A. XX, 223).

9° Brochettes *(kilâl)* à suture, dans la déchirure de l'anus.

10° Aiguille à passer les sétons.

11° Lancettes, dont nous avons donné la description à l'article Saignée.

12° Cautères, dont nous avons donné la description à l'article Cautérisation.

13° Aiguille courbée en sabre ou aiguille courbe pour suture.

14° Fourmis perses *(naml fârecî)* pour rapprocher les bords des plaies. Le traducteur d'Abou Bekr croit que ce sont des termites. (A. XXVII, 270.)

(Voir : Chirurgie : Suture.)

15° Rasoirs pour scarifications, ablations.

16° Tenaille en fer pour couper les verrues. (A. I, 29.)

17° Lime pour le rabotage des dents.

18° *Mabzal*, canule de cuivre pour introduire dans les parois abdominales en cas d'ascite. (A. XXVII, 267.)

19° Ciseaux fins, tranchants, à lame arrondie du bout pour la section du bulbe vaginal. (A. XX, 226.)

20° Casseaux ou pince pour castration.

B. — Opérations spéciales.

I. — Opérations qui se pratiquent sur la tête.

BOUCHE

1° Ablation de la langue au moyen du cautère. (A. VI, 86.)

2° Extraction des molaires supplémentaires au moyen d'un instrument spécial, dont nous avons parlé à propos des instruments de chirurgie. Si, pendant l'opération, une partie de la dent se brise, il n'y a pas à s'en occuper. « Quand la dent repoussera, on l'enlèvera de nouveau. » (A. VI, 91.)

3° Rabotage des irrégularités dentaires. Coucher le cheval sur du fumier sec, et, raccourcir avec la lime les dents trop longues « en apportant dans « l'opération beaucoup de prudence et de circonspection ».

Section des canines au moyen d'une lime tranchante chez le dromadaire. (I, 398.)

4° Névrotomie. (Voir Maladies du système nerveux.)

ŒIL

1° Extraction des corps étrangers en passant un chiffon sur l'œil. (A. IV, 75.)

2° Opération du ptérygion. (A. IV, 69.)

3° Ponction de l'œil à l'angle nasal avec une branche effilée, « tout comme on perce l'œil de l'homme avec le bistouri fin ». (A. IV, 64.)

4° Opération de l'encanthis. Tumeur caronculaire.

5° Excision des verrues des paupières.

OREILLE (A. III, 55.)

1° Extraction des corps étrangers au moyen d'un petit tampon de coton ou de papier enduit de pâte molle.

2° Ablation des tumeurs externes avec le rasoir.

NEZ

1° Ablation et ligature des tumeurs nasales.

II. — Opérations qui se pratiquent sur le rachis.

1° Opération du mal de garrot ou du mal de nuque, etc. Inciser la peau avec un bistouri et enlever toutes les parties nécrosées. (A. X, XXVI, 139, 261.)

2° Ponction des parois abdominales dans l'ascite, avec la pointe d'une lancette. On perce l'abdomen à trois doigts de l'ombilic et, dans l'ouverture, on introduit un tube de cuivre dit *mabzal*. Opération signalée déjà par les Grecs. (A. XXVII, 267.)

3° Suture des lèvres de la plaie dans le cas d'éventration. (A. XXVII, 270.)

4° Consolidation de la fracture de la queue.

5° Opération de la queue à l'anglaise. (Voir Maladies de la région de la queue.)

III. — Opérations qui se pratiquent sur les organes génito-urinaires.

1° Ablation, ligature des papillomes de la verge. (A. XXI, 229.)

2° Acupuncture. Piqûre de la verge avec des aiguilles fines dans le cas de paralysie du membre. (I, 163, 97.)

3° Réduction de l'utérus hernié et suture de la vulve. (A. XX, 221.)

4° Dilatation du col utérin dans le cas de stérilité.

« Vous demandez à un artiste opérateur expérimenté, doué de savoir et « d'habileté, d'introduire la main jusqu'à l'orifice de la matrice, *la mère aux* « *enfants, oumm el-aoulâd*. Cette opération doit être exécutée avec mesure « et précaution, en passant quatre doigts dans le col de l'utérus afin de le « dilater. »

D'après le Kitab el-Akouâl, on pourrait obtenir le même résultat en sectionnant le *wadam* ou bulbe vaginal avec de petits ciseaux à lame arrondie par le bout.

On appliquait ensuite sur le col de la matrice un tampon de coton imbibé d'agents divers qu'on retirait au moment de la saillie. (A. XX, 226, 227.)

5° *Dystocie. — Embryotomie.* — (A. XX, 223.) — Les conseils qu'Abou Bekr donne pour l'extraction du fœtus, *ikrâdj el-mouhr iza mât*, sont fort judicieux.

D'abord introduire la main préalablement graissée d'huile et s'assurer de la position du fœtus.

S'il est en position régulière, si la tête se présente la première, mettre des crochets dans les orbites, dans les os de la ganache, de la bouche, dans les muscles du cou et tirer graduellement et lentement après avoir eu soin de faire dans le vagin des onctions d'huile dans laquelle on a fait bouillir des plantes aromatiques, camomille, mélilot.

Si le fœtus est contourné, s'il a le cou replié et s'il est impossible de le ramener en bonne position. il faut recourir à l'embryotomie en retranchant toutes les parties qu'on peut atteindre avec un bistouri de dépècement, couteau de petite dimension. Après, injection d'huile dans laquelle ont a fait bouillir du castoreum, sel, cumin, asa-fœtida.

A propos d'obstétrique, Abou Bekr rapporte une curieuse aventure qui serait arrivée à Doreïd, son oncle.

Celui-ci aurait réussi à faire sortir un poulain mort sans embryotomie, rien qu'en pinçant les narines de la jument en même temps qu'il l'agaçait et la gourmandait. Il paraîtrait qu'au moment où il lâcha les narines, la jument s'ébroua tellement fort qu'elle expulsa aussitôt son poulain.

6° *Castration (iksâ).* A. XXII, 236. — En général, la castration des animaux était défendue par le prophète. Mais cette prohibition n'était pas générale, car elle n'avait pour but que d'en réprimer l'abus et d'assurer la conservation de l'espèce. Selon les docteurs de la loi mulsulmane, il n'y avait aucune impiété à enfreindre la loi, quand il s'agissait de chevaux de race commune, d'animaux méchants et dangereux ou vicieux, de chevaux destinés aux guerres d'exploration ou d'embuscades, et dont il était nécessaire de réprimer le hennissement, ou enfin, de chevaux atteints de certaines maladies (rage, tétanos, vertige, etc.) pour lesquelles la castration était employée comme traitement.

Dans d'autres cas, elle devenait nécessaire pour donner plus de développement à certaines régions du corps, témoin l'anecdote suivante : En 861 de Jésus-Christ, Hizâm présenta un cheval admirable au khalife El-Moutewakkal qui le refusa sous prétexte qu'il n'avait pas de bons sabots.

Hizâm le ramena sans mot dire, puis fit appeler un vétérinaire qui châtra le cheval. Quatre mois après il le représenta au khalife qui s'écria : « Apprends-« moi donc, Hizâm, par quel moyen tu as traité les ongles de ce cheval. »

« Prince des croyants, répliqua Hizâm, j'avais remarqué que les jeunes « étalons roumaniotes et autres, des écuries du prince des croyants, ont « les sabots légers et petits ; et que les chevaux hongres ont au contraire « les sabots forts et grands, bien que tous ces chevaux, étalons et hongres « soient de même descendance. J'ai inféré de là que la différence chez les « derniers venait de ce qu'ils avaient été émasculés, et j'ai fait couper ce « cheval. Par suite, ses sabots sont devenus excellents. »

Animaux soumis a la castration

1° *Mulets*. — Le Kitab el-Akouâl (A. 238 et 352), dit que les mulets ne peuvent faire un bon usage que quand ils sont châtrés.

2° *Taureaux*. — D'après Ibn al-Awam (I. 5), « c'est lorsque les testi-« cules sont descendus en totalité, qu'on fait subir aux jeunes taureaux l'opération de la castration ». Il dit, de plus, qu'il serait mauvais de prati-quer cette opération avant un an révolu, car le corps et les membres seraient arrêtés dans leur développement.

La castration se faisait par martelage.

3° *Chevreaux*. — Abou Bekr parle de la bonté de la chair du chevreau émasculé.

4° *Béliers*. — Castration par arrachement signalée par Abou Bekr.

5° *Cheval*. — L'époque la plus favorable était le printemps et l'automne. En général, les Arabes ne castraient que les adultes, qu'ils mettaient à la diète avant l'opération.

Castration par cautérisation (*Nâr*)

On abat l'animal et on le tient sur le dos, les jambes élevées, puis on saisit les deux testicules et on les lie au niveau du ventre avec une corde de chanvre ou de coton.

On met ensuite le testicule à découvert en incisant toutes ses enveloppes avec le cautère, et on le fait saillir au dehors. On applique alors sur le cordon testiculaire une pince en bois (serre-testicule), ou un casseau, puis, au moyen d'un cautère tranchant et fortement chauffé, on enlève l'organe au ras de la pince.

Pour éviter l'hémorragie, il faut lier chaque cordon avec une cordelette qu'on laisse en place jusqu'à ce que le sang s'arrête. Du reste, aussitôt l'opération, on laissait tomber goutte à goutte, sur le cordon, de la poix liquide, afin de produire une astriction des vaisseaux.

Abou Bekr décrit un second procédé qu'il désigne sous le nom de *Djabb*, que Perron traduit par *effossion*. Malgré la lecture la plus attentive, je ne vois aucune différence avec le premier procédé par cautérisation.

CASTRATION PAR ÉCRASEMENT (*Radd*)

On abat l'animal sur le dos, on broie le cordon testiculaire avec les doigts, on le mordille avec les dents, puis on applique la pince ou *casseau franc*, sorte de pince en bois, sur laquelle on frappe avec un butoir ou maillet, jusqu'à écrasement complet des deux cordons. On laisse le casseau en place pendant quarante-huit heures. A la suite de cette opération les testicules s'atrophient. Mais ce procédé est très douloureux.

CASTRATION PAR ARRACHEMENT (*Sall*)

On incise les testicules, et, quand ils sont à découvert, on les débarrasse de toutes leurs membranes, « puis on enroule chaque cordon sur un bâton-
« net, et on continue cet enroulement jusqu'à ce que les deux cordons
« soient évulsés de leur origine par en haut. »

Ce procédé, dit Abou Bekr, est très sensible et douloureux pour les chevaux, aussi ne convient-il que pour les béliers et les taureaux.

CASTRATION PAR EXCISION SIMPLE

Cette opération consiste dans l'ablation des testicules, à ras du corps, « à la manière dont on ampute les parties génitales de l'homme ».

Ce procédé est le moins douloureux, dit Abou Bekr, mais il y a à craindre l'hémorragie et la rétraction des cordons et des vaisseaux.

CASTRATION PAR LIGATURE

Application autour du cordon testiculaire, d'un lien qu'on serre vigoureusement et qu'on laisse à demeure jusqu'à ce que les testicules tombent.

Abou Bekr réprouve ce procédé, à cause de la vive souffrance qu'il produit.

IV. — Opérations qui se pratiquent dans la région anale.

1° Ablation des tumeurs du rectum. (A. XXVII, 210.)

2° Réduction du rectum hernié. (A. XXVII, 212.)

3° Suture, déchirure du rectum. (A. XXVII, 220.)

4° Exploration du rectum.

A ce sujet Ibn Bedr faisait la recommandation suivante à son fils Abou Bekr à propos de ses ongles qu'il avait trop longs, alors qu'il se disposait à introduire sa main dans le rectum pour exercer des pressions sur la vessie (dysurie).

« Frotte, me dit-il, sur la vessie avec les pulpes des extrémités des doigts, « et prends garde que les ongles fassent sortir du sang, si peu que ce « puisse être. » (A. XXVIII, 281.)

V. — Opérations qui se pratiquent sur les membres.

1° Incision de l'éponge;
2° Réduction des luxations coxo-fémorale, huméro-radiale, du coude;
3° Réduction de fractures;
4° Extraction d'esquilles osseuses;
5° Ponction des mollettes;
6° Insufflation de l'air dans le tissu cellulaire sous-cutané.

Ce procédé, qui n'est autre que le soufflage, la musique, qu'emploient les bouchers sur les animaux morts, pour distendre le tissu cellulaire, était déjà pratiqué par les Grecs.

On faisait une incision à la peau, et on introduisait un tube de roseau par lequel on insufflait de l'air, qu'on dirigeait le plus loin possible en tapant sur la peau. Quand le gonflement était suffisant, on donnait issue à l'air en perçant une ouverture dans les parties déclives.

Ce procédé, dont nous ne voyons pas nettement l'utilité, était employé dans certaines affections de l'épaule, de la cuisse, et, sous le ventre, dans le cas d'indigestion intestinale.

Voir : Maladies des membres.

VI. — Opérations qui se pratiquent sur le pied.

1° Amincissement de la corne dans beaucoup de circonstances;
2° Ferrure;
3° Dessolure;
4° Opérations du clou de rue, de l'enclouure, de l'encastelure, des seimes.
Voir : Maladies de la région digitée.

V

Thérapeutique.

I. — Médicaments d'origine animale.

Beurre frais, ancien ou fondu. Employé en onctions, frictions, etc., etc.

Bile de taureau, de tétras en collyres.

Castoréum. — Musc. — Entrant dans la composition de certains collyres ou injectés dans le pénis (ischurie).

Cire. — Servant à la préparation de divers onguents, emplâtres.

Cantharides. — Seules ou associées au goudron; employées comme médicament vésicant : (luxation métacarpienne, maladie de l'épaule, crevasses, tumeurs du jarret).

Crapaud en décoction, bouilli dans l'huile et appliqué sur la peau; crapaud vivant, dont on fend le ventre, et, qu'on applique sur les plaies produites par le tigre.

Coquillages divers pulvérisés.

Corne de bélier, de sabot de cheval noir, entrant dans la composition d'une mixture pour faire repousser le poil.

Excréments de chien, secs, durs, blancs, provenant surtout d'os ingérés (maladie de peau); de bœuf, en frictions contre l'échauboulure; humains en onctions dans certaines affections des membres; de cheval (hémostatiques); de poule, pigeon, en lavements (ascite); de brebis, moutons, etc.

Graisses de chien, d'éléphant, de bosse de chameau, d'oie, de canard, d'ours, de rat, de cheval, d'autruche, de poule, de porc et surtout de queue de mouton (mouton à large queue d'Égypte). Ces graisses entraient dans la composition de la plupart des préparations médicinales, onguents, pommades, etc.

Hippobosques. — Corps d'hippobosques pour frotter les paupières dans l'orgeolet (remède des anciens).

Lait de vache, d'ânesse, de femme, de chèvre, en boissons, onctions, fumigations.

Miel en boissons; seul ou associé à d'autres substances.

Moelle osseuse d'âne ou de renard, en onctions sur suros.

Œufs. — Jaune d'œuf contre les brûlures ou en application sur l'œil; œufs ramollis dans le vinaigre, ingérés pour combattre la toux; coquilles d'œufs, etc.

Poisson. — Colle de poisson comme agglutinatif.

Poumon de chameau, de bouc, signalé une fois comme entrant dans la composition d'un collyre.

Rat. — Attaché comme amulette au cou des animaux charbonneux.

Sang. — Frictions avec le sang de la saignée; sang de tortue avec de l'huile comme breuvage; sang de pigeon comme collyre; sang d'âne.

Scorpion. — *Serpent.* — Scorpion grillé en applications sur les gencives malades.

Urine. — Urine de chameau, de garçon ou de jeune fille vierges, seule ou associée à d'autres substances.

Viande. — Viande de bœuf ou de vache crue en application sur la peau. — Viande digérée dans du vinaigre pour poser sur les seimes, crevasses. — Viande de homard ou de langouste pour mettre sur l'œil. — Consommé de chèvre ou de chien comme purgatif.

A part quelques médicaments bien connus, les autres étaient généralement peu employés, et ne sont signalés qu'une ou deux fois dans les ouvrages d'hippiatrie arabe.

II. — Médicaments minéraux.

Châdanah adeciâh ou *Châdanadj* ou *Hadjar el-Dem* (pierre de sang), oxyde rouge de fer.

Mourdâcendj ou *Mourdârsenk* (pierre brûlée, minerai brûlé) : argyrite, espèce de litharge dont Abou Bekr donne la composition d'après le codex de Dâoud (A. t. III, p. 66). Souvent employé.

Râçakat ou *Roûçaktadj*, ou cuivre brûlé; préparation due à Hippocrate, dit Dâoud. — Le meilleur est en fragments assez gros, d'un gris mêlé de rouge et de noir. Le blanc doit être rejeté. On le prépare en alternant des feuilles minces de cuivre avec des couches de sel, de soufre et d'alun. On soumet au feu pendant une semaine. Entre dans la composition de plusieurs collyres.

Iklimiâ d'or, d'argent.

Borax (Bourák). — Dâoud en signale plusieurs espèces : borax d'Arménie ou borax des orfèvres ; borax des boulangers, poudreux, gris, ou natron rouge *(nitróun)* ; borax africain, en fragments mous comme l'écume ; borax *misrî* ou d'Égypte, le meilleur de tous.

Kohel noir, sulfure natif d'antimoine.

Zâdj, couperose bleue.

Sel anderaui ou *d'Ander*. — Sel très blanc le plus pur.

Mourrah. — Sorte de terre argileuse, d'un rouge jaunâtre, qui provient de Roumélie et d'Asie-Mineure. Le mourrah de l'Irak était le plus estimé. — *Kaymôulia* ou *tafl.* — Terre d'un rouge jaunâtre, onctueuse, douce au toucher, comme savonneuse, commune en Égypte. — *Limon* qui se dépose dans les jarres poreuses, dans lesquelles on mettait déposer l'eau du Nil. — *Kâkia* ou acacie ou terre de châmoûs, terre de Chypre. — *Terre d'Arménie.* — Toutes ces terres étaient ordinairement associées avec du vinaigre.

Parmi les minéraux les plus employés, nous citerons : natron, sel, colcotar, chalcite, bitume, styrax, chaux, orpiment, réalgar, arsenic, soufre, huile de naphte, alun, potasse (*kâli*), anthracite, mercure.

III. — Médicaments d'origine végétale.

De tous les médicaments employés par les Arabes, c'étaient les plus nombreux. On compte plus de 500 espèces usitées en thérapeutique. La plupart des végétaux connus, surtout ceux de la flore orientale, entraient dans la composition des médicaments.

Feuilles et tiges. — Absinthe, armoise, ache, acacia, abricotier, câprier, camomille, chou, céleri, capillaire, coton, centaurée, carottes, cumin, endive, ellébore, eupatoire, fenugrec, fumeterre, guimauve, garance, jonc, joubarbe, gentiane, jusquiame, laurier cerise, lupin, lotus, laitue, morelle, myrrhe, mercuriale, mélilot, menthe, nymphéa, nigelle, nielle, olivier, ortie, pommier, pavot, poirier, platane, pourpier, pouillot, ptarmica, roses, rhubarbe, roquette, rose de Jéricho, rue, saule, sycomore, sarriette, safran, thym, noix de galle.

Fruits. — Acacia, amande, coing, concombre, coloquinte, citron, caroubes, câpres, cyprès, citron, dattes, épine-vinette, figues, grenades, jujube, lentilles, mûres, noix, noisettes, oranges, olives, pêches, pastèques, pistaches, raisin.

Racines, bulbes. etc. — Ail, asperges, chiendent, fèves, oignon, poireaux, radis.

Écorces. — Réglisse.

Graines diverses.

Produits extraits des végétaux.

Huiles ou *essences.* — Roses, violettes, nymphéa, amandes, sésame, nard, jasmin, pistaches, lin, colza, etc. Très fréquemment employées.

Farines diverses.

Vin, vinaigre. — Vin, vinaigre, lie de vin. Souvent recommandés dans une foule de préparations.

Mélasse ou miel de canne.

Résines diverses.

Réglisse noire.

Gomme. — Gomme qui exsude de l'incision d'un arbre de Perse indéterminé. La meilleure gomme était blanche en dehors, rougeâtre en dedans; la deuxième sorte, jaunâtre en dehors, blanche en dedans. L'odeur tient de la gomme ammoniaque et de l'assa-fœtida. (A. 45.)

Sucre. — Le *Nácerî* (A. III, 108, 76, 27) mentionne plusieurs espèces de sucre : — Sucre *fânîd,* ou *bânîd,* ou *pânîd,* était le sucre de commerce ou sucre non entièrement dépouillé par la coction ou sucre de seconde cuite et en cylindre. — Sucre *soleïmânî* était le sucre de seconde cuite, grossier, dont on avait retiré les impuretés. — Sucre *rouge* en cassonnade. — Sucre *blanc.* — Sucre *candi.* — *Sirop* : — Sirop *de tiercé* ou *moût de tiercé.* — D'après Perron, ce sirop *(moût allat)* était du moût ou suc de raisin que, par la coction, on réduisait au tiers. D'après le Codex de Dâoud, ce serait encore le nom du résidu obtenu du vin de première qualité auquel on ajoute deux tiers d'eau pure et qu'on réduit ensuite par ébullition. — *Sirop blanc.*

Ichrâs, ou *charas,* ou *morra.* — Nom d'une plante indéterminée qui croissait dans les lieux froids, surtout en Syrie et Mésopotamie. Feuilles à peu près semblables à celles de l'oignon, mais plus épaisses et plus larges. Fleurs d'un blanc rougeâtre. Graines un peu allongées, blanches, d'un goût amer et piquant. Racines oblongues, légèrement rosées. On l'a souvent confondue, dit Abou Bekr, avec l'asphodèle, qui servait à la falsifier. — De la racine, mise dans l'eau, on retirait une substance agglutinative supérieure à toutes les autres, souvent employée dans les luxations, fractures, etc. — Pour rendre plus facile son emploi dans le commerce, on pulvérisait les racines et on vendait cette substance sous forme de poudre. (A. 124, 250, 333.)

Lâden. — D'après le Codex de Dâoud, c'était une exsudation d'un arbre encore appelé *baroûn kaswa.* Employée comme adoucissant, émollient, maturatif.

_ *Suc de nerprun.* — *Camphre.* — *Goudron.* — *Aloès.* — *Glu.*

Asa fœtida. — L'assa fœtida est mentionnée plusieurs fois dans l'hippiatrique d'Abou Bekr et dans celle d'Ibn-al-Awam (A. 48, 51, 92, 115, 223, 279. — I. 338) où elle est désignée sous les noms de *hiltil* ou *hingisch*.

II. — Action des médicaments.

Dans ce chapitre, nous n'aborderons que l'étude des principaux agents thérapeutiques, car s'il nous fallait passer en revue toute la pharmacopée arabe, il nous faudrait entreprendre l'histoire même de la thérapeutique et dépasser de beaucoup les limites que nous nous sommes imposées.

Abortifs. — Sabine, lotus aquatique, noix de galle, noix de cyprès, le tout soumis à l'ébullition et donné comme boisson.

Astringents. — Le père d'Abou Bekr disait que le meilleur astringent pour arrêter les diarrhées était les débris de feuilles sèches de coriandre et grains de verjus.

D'autres préparations remplissaient le même office : — Figue de Chypre, ambre jaune, craie, graine de pourpier. — Pistache, coque de pavot, gland, noix de galle, sucre.

Caustiques. — Poudre de réalgar et d'orpiment (arsenic rouge et jaune). — Alun de l'Yémen, sulfate de cuivre, noix de galle torréfiée, écorce de grenade, chaux et chaux vive. — Arsenic rouge, arsenic jaune, vitriol bleu, cendres, sel, chaux vive. — Noix de galle, couperose bleue, alun. — Papier brûlé, noix de galle, vert de gris. — Chalcite, alun, vert de gris.

Diurétiques. — Opoponax, vin. — Graines d'asperges, eau, vinaigre, vin blanc, en boisson. — Oignon ou ail dans l'anus; musc dans la verge.

Épilatoires. — (*Noûrâh*) Bien chargé d'arsenic. Le noûrâh, d'après Perron, était un épilatoire dont se servaient les musulmans hommes ou femmes pour faire tomber les poils du pubis et de l'aisselle. C'était un composé de chaux vive et de réalgar (A. XV, 179).

Hémostatiques. — Huile de sésame et urine d'un enfant de 10 ans, le meilleur hémostatique, d'après Mousa ibn Nacr, pour faire cesser l'épistaxis. — Eau fraîche et sel sur la tête, employés dans le même cas. — Poudre de sang-dragon, débris de réchaud de terre, noir de cordonnier. — Éponge fraîche brûlée dans de la poix pulvérisée. — *Douroûr yahbes el-dem.* — Poudre hémostatique et caustique en même temps; composée de : papier brûlé, vitriol bleu, alun de l'Yémen, noix de galle, sucre, écorce de grenade, cuivre brûlé, sang-dragon. — La meilleure poudre hémostatique, dit le père d'Abou Bekr, est ainsi composée : râpure de cuir odorant de taïf, alun, myrrhe.

Purgatifs. — *(Moushil)*. A. T. 3, 318. I. 205. — Le meilleur purgatif, dit Abou Bekr, suivant en cela les indications de son père, c'est la feuille de coloquinte (*bouchbouch*). — Il ajoute qu'il a vu en Syrie purger avec de l'aloès et s'en étonne, ce qui permet de supposer que ce purgatif était peu connu. — D'après Ibn Abou-Hazem, les anciens purgeaient en administrant du bouillon de chien additionné de soude. — D'autres purgatifs étaient encore en usage, tels que : Concombre du diable (*Kyâr iblis*), soude, vin, eau miellée.

Parmi les lavements purgatifs, nous citerons les suivants : — Eau d'olive ou décoction de genêt blanc. — Eau d'olive, jus de feuilles de pêcher, miel, saumure, huile d'olive, nitre, miel, eau. — Huile de sésame, beurre fondu. — Eau et sept grains de poivre pulvérisés en poudre très fine. En général, les Arabes purgeaient au printemps.

Sudorifiques. — Enfouir l'animal dans le fumier, en ne laissant émerger que la tête, et cela pendant sept jours, afin de provoquer des sueurs abondantes (tétanos). A. VIII, 115. — Les médicaments employés comme sudorifiques étaient très nombreux.

Sternutatoires. — Insuffler dans les narines *Koundous* de l'irâk (ptarmique de l'irâk), afin de provoquer l'éternuement. A. V. 81.

Vermifuges. — Eau et graine de coloquinte. — Poudre de feuilles de pêcher, cameline, chalcite. — Décoction d'absinthe et de lupin. — Absinthe pontique, kinbil, graines de coloquinte en boissons.

Médicaments pour consolider les fractures, luxations. — *Djibâr ou Lidjâm.* — Terre d'Arménie, farine d'ers, romarin officinal, noyaux de tamarin torréfiés, blanc d'œuf. — Terre d'Arménie, myrrhe, encens, farine d'ers, sang dragon, noyaux de tamarin, ichras, colle de poisson.

III. — Administration et mode de préparation des médicaments.

1°. — ALIMENTS — RÉGIME ALIMENTAIRE

Les aliments entraient pour une grande part dans la thérapeutique arabe. Ils présentaient une très grande variété suivant les maladies. Tantôt l'animal était mis à la diète complète; tantôt on ne lui donnait que des aliments en faible quantité; tantôt enfin il était soumis à un régime spécial.

Parmi les aliments considérés comme *rafraîchissants* nous citerons : orge, pastèque, concombre, fenugrec, ers, trèfle, orobe, carottes, roseaux, canne à sucre, endive, laitue, pourpier, sucre, et enfin le régime du vert si souvent employé. Les Arabes mentionnent aussi comme rafraîchissants : le barbotage, *sawîk*, bouillie claire de farine d'orge, mêlée de dattes concassées.

Les végétaux secs, foin, trèfle, fenugrec, ers, etc., étaient classés parmi les aliments réchauffants ou excitants.

2°. — Boissons — Breuvages

Les boissons ou breuvages employés comme agents thérapeutiques étaient tellement nombreux qu'il nous est impossible de les énumérer. Leur composition était des plus variées et comprenait les substances les plus hétérogènes. Nous aurons du reste l'occasion d'en parler plus longuement, quand nous traiterons des effets des médicaments. L'introduction des boissons se faisait par le nez et la bouche.

3°. — Cataplasmes

A formules extrêmement variées : poudre de henné et farine de lentilles. — Sumac, anthracite, joubarbe et vinaigre. — Décoction de viande de bœuf saignante. — Figues sèches et vinaigre. — Guimauve, mauve et blanc d'œuf.

4°. — Collyres

Kouhl au pluriel *akhâl* A. t. III, 9ᵉ exposit., I. 314; *chiâf* au pluriel *achiaf*, I. 108-122. — Les collyres étaient très fréquemment employés dans les diverses affections des yeux, surtout à l'état sec ou pulvérulent, les Arabes utilisant peu les collyres liquides. — Sel andérani, soude, perle vierge, non trouée, sucre candi, vert de gris, poivre (ophthalmie). — Poivre blanc, poivre long, sel ammoniac, iklîmiâ d'or et d'argent, corail, perle vierge, safran, camphre. — Amidon, myrobolan jaune, sulfure d'antimoine, aloès, iklîmiâ d'argent, gomme adragant. — Gomme arabique, safran, sang-dragon, minium, alun de l'Yémen, gomme adragante. — Céruse de plomb, coquille d'œuf d'autruche, sang-dragon, camphre, mâmîta, écume de mer (collyre rafraîchissant). — Noix de galle, centaurée, farine, vitriol bleu brûlé, sucre candi, safran, alun de l'Yémen, opium, cendres de scorpions brûlés, cendres de bois de tamarix (collyre siccatif pour fistules de l'œil). — Sang de pigeonneau, eau de poireau ou blanc d'œuf. — Fiel d'aigle (?) et petit lait. — Myrrhe, safran, chélidoine. — Jus de foie de bouc grillé sur des charbons ardents. — Les poudres devaient être très fines et passées au tamis.

5º. — EMPLÂTRES

Lazkâh. — A. T. 3, 332 : — Les Arabes en faisaient un fréquent usage, soit comme agent thérapeutique proprement dit, soit comme moyen contentif des fractures et des luxations. Ces derniers étaient surtout à base de résine, de poix et d'*ichrâs* (substance agglutinative). En général, on chauffait ces substances et on les étalait sur du linge ou du papier qu'on appliquait sur la partie malade.

6º. — FRICTIONS

Frictions sèches sur la peau avec la main, avec des linges, avec la pierre des pieds (*Hadjar el-Ridjléin*), pierre ponce légère, noire, avec laquelle on se frottait les parties dures des pieds après les pédiluves, avec des briques.

Frictions liquides avec beurre fondu, graisses diverses (graisse de bosse de chameau, de queue de mouton, d'oie, de poule, de canard) ou huile quelconque.

7º. — FUMIGATIONS

Fumigations de la tête. — Son, blé, orge, etc., chauffés, mis au fond d'un sac qu'on attachait sur la tête afin que les vapeurs pénètrent dans les cavités nasales.

Fumigations du ventre. — On enveloppait entièrement le cheval de couvertures, de la tête aux pieds, et on mettait à terre, sous le ventre de l'animal, des briques fortement chauffées, sur lesquelles on versait des substances aromatiques : coriandre, absinthe, menthe, vinaigre, etc., etc.

8º. — HYDROTHÉRAPIE

Noutoûl. — A. T. 3, V, 324 : — Les Arabes employaient assez souvent l'eau comme agent thérapeutique, soit sous forme d'immersion des membres dans l'eau courante, soit en applications (affusions ou douches) de décoctions tièdes de plantes aromatiques ou émollientes.

9º. — LAVEMENTS

Hoknah. — A. T. 3, X, 336 : — Très fréquemment employés, surtout dans les coliques. — Lavements de décoction de fenugrec, graines de lin, jaune d'œuf, essence de rose (Mal de reins). — Lavements d'excréments de poule ou de pigeon, sirop, soude (Ascite). — Lavements de décoction de fenugrec, ers, radis, asperge, essence de rose (Tympanite). — Lavements de décoction de carthame, blette, menthe, colza, huile de sésame et alun (Coliques

— Lavements de décoctions de fenugrec, guimauve, chardon, camomille, raisins secs, alun (Coliques). — Lavements d'eau, vin vieux, axonge, asafœtida (Coliques). — Lavements purgatifs (Voir médicaments purgatifs).

10°. — LINIMENTS ET POMMADES

Loutoûk, Dimâd. — A. T. 3, VI, 325 : — Employés en applications sur les tumeurs, gonflements, meurtrissures, etc., etc. En général ces préparations présentent peu d'intérêt. On y incorporait du reste les substances les plus étranges : — Eau de coriandre, vinaigre, guimauve, suc de jujube. — Figues macérées dans du vin, aloès, gomme, résine (Meurtrissure). — Aloès, parenchyme de coloquinte, excréments de mouton, vinaigre (Ascite). — Aloès, myrrhe, sagapenum, résine, vinaigre.

11°. — MASTIGADOURS

Nouets ou mastigadours employés dans le cas de congestion intestinale. Lier à la barre du mors un linge contenant des excréments humains et de l'asa-fœtida. — A. XXVIII, 279.

12°. — ONGUENTS. — CÉRATS, etc.

Marham, au pluriel : *Marâhem.* — A. T. 3. IV, 321 : — Nombreux étaient les onguents employés par les hippiatres arabes.

Parmi les principaux nous signalerons les suivants :

Onguent des généreux. — *Marham el-Nahil,* ainsi nommé, dit le codex de Dâoud, parce qu'il rapporta de nombreux présents à Galien, son inventeur. A. 271. — Cet onguent avait, paraît-il, des vertus supérieures pour la consolidation des fractures, la cicatrisation des plaies, la résolution des tumeurs, etc., etc. — Voici sa composition : Litharge, huile, graisse de bœuf ou de porc, colcotar. Préparation à chaud en remuant jusqu'à consistance ferme.

Onguent des messies. — *Marham el-Rouçoul* et onguent des apôtres : *Marham el-Hawarioûn.* Employé comme cicatrisant : (cire, litharge, résine, opopanax, myrrhe, vert-de-gris, huile ; le tout pulvérisé et dissous dans l'huile bouillante). Cet onguent pouvait varier beaucoup dans sa composition, mais le vert-de-gris ne faisait jamais défaut.

Onguent de vert-de-gris. — *Marham el-Zindjâr.* Avantageusement employé contre les plaies de mauvaise nature : (cire, poix, gomme ammoniaque, rue, vinaigre, huile d'olive ; faire bouillir le tout et ajouter vert-de-gris, sarcocolle, résine). — A. 134.

Onguent de minium. — *Marham el-Salikoûn.* Employé contre les brûlures : Minium, litharge, graisse fondue dans l'huile de rose.

Onguent de poix. — *Marham el-Zift.* Employé comme cicatrisant. Il était composé de poix, graisse, cire, lin, huile.

Onguent de vinaigre. — *Marham el-Kall.* Rafraîchissant, calmant des brûlures : Litharge, huile, vinaigre, racines mucilagineuses.

Onguent basilicum. — *Marham bâcilikoûn.* D'un merveilleux effet, dit le codex de Dâoud, pour les plaies, ulcères, tumeurs. Il était, ajoute-t-il, en grande réputation dans les pharmacopées grecques et offrait de grandes ressemblances avec l'onguent des généreux : Poix, résine, cire, galbanum, huile, coction sur le feu. C'est notre onguent basilicum.

Onguent maturatif. — *Marham Djâzeb.* Onguent basilicum et borax.

Onguent diachylon. — *Dâkilioûn* ou *Dâkiloûn.* Bien que Dâkiloûn soit d'origine syriaque et signifie mucilage, corps gluant, il paraît que cet onguent, avantageux contre les tumeurs, les douleurs violentes, plaies, indurations, etc., était déjà connu des Grecs. — Suc de graines de guimauve, de plantain, de fenugrec, de lin, digérées, litharge d'argent, huile. Faire cuire le tout jusqu'à consistance voulue, puis ajouter poix, cendre de sarment, rouille de fer. Il correspond à peu près à notre emplâtre diachylum. — A. 134.

Onguent de céruse. — A. 38, 210.

Onguent mou. — *Keyroûty.* — A. 38. — La formule n'est pas indiquée.

Onguent vésicatoire. — Les mélanges de goudron et de cantharides signalés plusieurs fois par Abou Bekr, — A. XIV, 174, — XVIII, 207, — et Ibn al-Awam, — I, 184, 191, — se rapprochent assez de l'onguent vésicatoire.

13°. — Sachets de son chaud sur le dos

14°. — Suppositoires

Nâthif. — Préparations ovoïdes, composées ordinairement de miel et de substances médicamenteuses diverses et destinées à être introduites dans le rectum. — I, 158. — A. XXVIII, 279.

15°. — Errhins

Sooût. — A. II, 50 : — Les errhins (*Sooût*) étaient, d'après Dâoud, des médicaments composés qu'on introduisait dans les narines. Il y en avait plusieurs espèces.

Errhin en faisceau ou en paquet, *Néchoûk*, qu'on introduisait dans le nez.
Errhin sec, en poudre, *Nâfouk* qu'on insufflait dans les narines.
Errhin bouilli, *Kaboûb*, employé en fumigations dans le nez.

Diverses substances entraient dans leur composition : — Essence de rose, de saule égyptien, camphre. — Poivre, soude, assa-fœtida, vin (Tétanos). — Sang de bouc.

16°. — Pilules — Disques, etc.

Disques ou tablettes ou pastilles de l'Yémen. — *Kours yémént* ou *Sann el-Wabir* ou *Baûl el-Ibil.* — (Urine de chameau.) — Ce disque était, dit-on, préparé avec certaines plantes des montagnes de l'Hedjâz pétries avec de l'urine de chameau. — Ces disques étaient employés comme cicatrisants et détersifs. — A. VI, 92.

17°. — Thériaque

Tériâk el-Arba'. — A. I, 42-43 : — La thériaque, dite des quatre, en raison des quatre substances qui entraient dans sa composition : gentiane grecque, graine d'olivier, aristoloche longue, myrrhe, fut, dit-on, la première thériaque que prépara Andromachus l'ancien. Plus tard, disent les Arabes, cette composition fut augmentée par Andromachus second. Ce fut la grande thériaque que Galien devait modifier. La thériaque était une espèce de panacée.

18°. — Incantations

A. T. 3, XII, 346 : — Pour un peuple aussi superstitieux, aussi croyant, aussi fanatique que l'étaient les Arabes, les incantations, les adjurations ne pouvaient manquer d'avoir leur effet sur le cours des maladies. Beaucoup, pour ne pas dire tous, croyaient à la puissance curative des formules magiques qui se pratiquaient sous l'influence des paroles reçues du prophète. Du reste, toutes ces prières sacrées ne pouvaient avoir d'effet que pour les vrais croyants, les infidèles n'avaient rien à en attendre.

Elles consistaient en prières, suivies de formules et pratiques bizarres : cracher quatre fois dans la narine droite du cheval et trois fois dans la gauche, tout en prononçant des paroles variables suivant la formule adoptée :

« Plus de mal ! Plus de mal ! Fais partir le mal, Seigneur des hommes, « et guéris, car c'est toi le guérisseur ; pas de guérison que cette guérison « ne vienne de toi. »

« Je t'adjure, ô tranchée colique, par la grandeur de la grandeur de « Dieu, par la puissance de la puissance de Dieu, par la majesté de la « majesté de Dieu,...... je t'adjure, ô tranchée colique, de t'en aller par le « fait de la bonté de Dieu, par le fait du pouvoir infini de Dieu..... »

Dans le chapitre XII, p. 340 de l'exposé complémentaire du *Nâcéri*, on trouve beaucoup d'autres formules d'adjurations, d'incantations, *Takâwtd* et *Rakwât*, employées notamment contre les coliques.

Dans d'autres circonstances on gravait sur les quatre pieds de l'animal, avec la pointe d'un couteau ou d'un bistouri, quatre mots mystérieux, un pour chaque pied, tels : *Artach, Artoûch, Artâch, Arttch* ou bien *Kalachch, Kalachtch, Laklachtch, Loukloukchtch,* formules cabalistiques qu'on ne peut définir.

Pour prévenir la stérilité, les Arabes écrivaient en entier le chapitre III du Koran, dans une grande cuvette en cuivre, dans laquelle ils versaient de l'eau bouillante. Avec cette eau, qui avait touché les saintes paroles, ils aspergeaient les flancs de l'animal touché, ou bien fabriquaient des breuvages qu'ils entonnaient.

<h3 style="text-align:center">19°. — AMULETTES</h3>

On détournait le mauvais œil, en suspendant au cou des animaux un morceau de bois de cerf ou de daim, un bout de queue d'une bête sauvage, un poil de chameau ou d'éléphant, etc.

D'après *Asthahoursis*, I, 8, un morceau de vieille dent de chamelle, enveloppé dans un linge et suspendu au cou, était un bon préservatif contre la peste.

———

VI

Ferrure.

———

Abou Bekr, dans sa description de l'éponge (A., t. III, ch. IX, p. 118, 119, 123), dit qu'on y remédie au moyen de fers spéciaux, qu'il décrira, ajoute-t-il, avec plus de détails dans le chapitre relatif à la ferrure, aux formes diverses de fers et à leur ajustage. Mais nulle part, tout au moins dans la traduction de Perron, il n'est fait mention de ce chapitre, annoncé par l'auteur lui-même à trois reprises différentes. (A., t. III, ch. IX, p. 123 ; — ch. XIII, p. 168, 169). Tout au plus trouvons-nous une dizaine de paragraphes où il est question de fers destinés à remédier à certaines affections du pied ou des membres.

Par contre, Ibn al-Awam (t. II, 2ᵉ partie, p. 99 à 106) consacre plusieurs pages à l'étude de la ferrure, dont il donne les règles d'après Ibn Abou-Hazem.

La première consiste à habituer le poulain à se laisser toucher et lever les membres ; règle applicable à l'adulte, qui peut opposer de la résistance à la ferrure, soit par défaut de nature, soit parce qu'il a été piqué, encloué par un maréchal maladroit. En général, dit-il, surtout pour les jeunes animaux, on se borne à fixer à la lèvre supérieure un tord-nez ou moraille *« al-zidr »* ; puis on replie la jambe et on la fixe sur le membre avec une corde. Pour habituer le poulain à l'implantation des clous dans la corne, on frappe sur le sabot avec un bâton. S'il est récalcitrant, on frappe avec ce même bâton sur le flanc, et on continue jusqu'à ce que l'animal soit habitué à la percussion des sabots.

Voici maintenant les règles d'une bonne ferrure. Ibn Abou-Hazem dit à ce sujet qu'il ne faut pas trop restreindre l'assiette du pied, et qu'il est préférable de laisser au sabot un excès de largeur. Il conseille également de ne pas trop creuser la sole. En tous cas, il recommande d'agir de façon que le sabot s'adapte exactement au fer. Il s'attache surtout à la forme du fer, à son ajustage, ainsi qu'à la forme et à la position des clous suivant la conformation des pieds, tout en recommandant d'avoir grand soin de ne pas les enclouer. S'il n'indique pas la forme du fer normal, il donne du moins de judicieux conseils sur la qualité des fers à employer. « Les (fers forgés) de « fer doux sont ceux qui s'adaptent le mieux au sabot du cheval et qui sont « plus légers pour son pied. »

Les clous, selon lui, doivent être minces et légers comme des aiguilles, « parce que, quelque peu qu'il y ait du fer, il y en aura toujours beaucoup « trop ». C'est pour obtenir cette légèreté que les Arabes restreignaient le nombre des clous. « Quatre clous de chaque côté, c'est ce qu'il y a de meil- « leur ; mais trois sont gracieux, et la solidité comme la régularité sont « plus assurées pour les pieds antérieurs. » C'est encore le mode actuellement adopté par les tribus arabes. (Général Daumas, *les Chevaux du Sahara*, p. 164.)

Pour éviter l'enclouure, Ibn Abou-Azem recommande d'implanter les clous de la façon suivante. « Les clous doivent être piqués la pointe dirigée vers « le côté externe du sabot, de telle sorte qu'ils prennent une direction « oblique. » Les auteurs arabes sont muets à propos de l'application proprement dite des fers, qui devait se faire à froid, ainsi que cela est actuellement pratiqué par les tribus arabes, qui ne peuvent encore comprendre comment nous osons appliquer la ferrure à chaud.

Les anciens Arabes paraissent avoir remédié aux vices de conformation du sabot plus par le mode d'implantation des clous que par l'application de fers spéciaux. C'est ainsi qu'Ibn al-Awam dit ce qui suit à propos de la concavité trop marquée des sabots antérieurs. « Les clous devront être « courts vers la partie postérieure et plus longs dans la partie antérieure. » Le contraire devait avoir lieu pour les pieds plats.

Ils remédiaient à la défectuosité des aplombs (pied panard, cagneux, etc.) en implantant « des clous amincis dans la partie qui tend à se relever, de façon à forcer le pied à se reporter en sens inverse, soit en dehors, soit en dedans ». Pour les pieds à corne mince, ils employaient le fer à planche, couvrant toute la surface de la sole, soit sans ouverture, soit muni d'une fente mince vers l'extrémité de la fourchette. Quelquefois, quand la sole était endolorie par un excès de marche, ils complétaient l'action protectrice du fer à planche par l'application d'une peau mince de feutre entre le fer et le sabot, tout en désapprouvant l'emploi des protecteurs de cuir ou de laine. Le fer à planche était aussi employé comme ferrure pathologique dans diverses affections du pied ; fer d'Antioche (*na'l Antâky*), fer à plaque presque complète ayant à peine une ouverture au centre, dans la seime quarte, décollement du sabot, encastelure, bleime. (A., t. III, ch. x, p. 146 ; — ch. xvi, p. 185, 187, 190, 191.)

Dans la bouleture, ils appliquaient le fer *à scorpion*, fer relevé et plus fort de l'arrière. (A., t. XIII, ch. xii, p. 162.)

Si les Arabes supposaient que la légèreté du fer était pour quelque chose dans l'apparition de l'éponge ou de l'atteinte, ils attachaient un fer à branches plus épaisses et à pince plus mince, plus étalée, et à clous assez rapprochés. (A., t. III, ch. xiii, p. 168, 169.)

Enfin, dans d'autres cas pathologiques (clou de rue, crapaud), on déferrait le pied et on enveloppait le pied malade d'une hipposandale, espèce de botte de cuir qu'on fixait au paturon. (A., t. III, ch. xvi, p. 188 ; — I., t. II, 2ᵉ partie, p. 103.)

Pour remédier à la corne délicate, Ibn Abou-Hazem recommande l'application d'un fer ayant la forme d'un croissant de lune. (I., t. II, 2ᵉ partie, p. 103.)

FIN DE LA PREMIÈRE PARTIE.

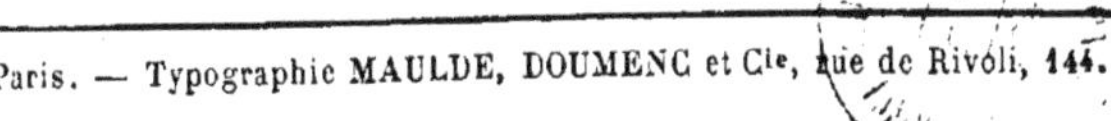

61777 Paris. — Typographie MAULDE, DOUMENC et Cⁱᵉ, rue de Rivoli, 144.

www.ingramcontent.com/pod-product-compliance
Ingram Content Group UK Ltd.
Pitfield, Milton Keynes, MK11 3LW, UK
UKHW031847170726
13836UKWH00004B/1936